くもんの小学ドリル

がんばり1年生 学しゅうきろくひょう

名まえ

1	2	3	4	5	6	7	8
9	10	11	12	13	14	15	16
17	18	19	20	21	22	23	24
25	26	27	28	29	30	31	32
33	34	35	36				

あなたは
「くもんの小学ドリル　さんすう　1年生文しょうだい」を、
さいごまで　やりとげました。
すばらしいです！
これからも　がんばってください。

1さつ　ぜんぶ　おわったら、
ここに　大きな　シールを
はりましょう。

1 たしざん ①

月 日 なまえ

じ ふん >>おわり じ ふん

むずかしさ ★

1 おはじきは，みんなで　なんこ　ありますか。〔10てん〕

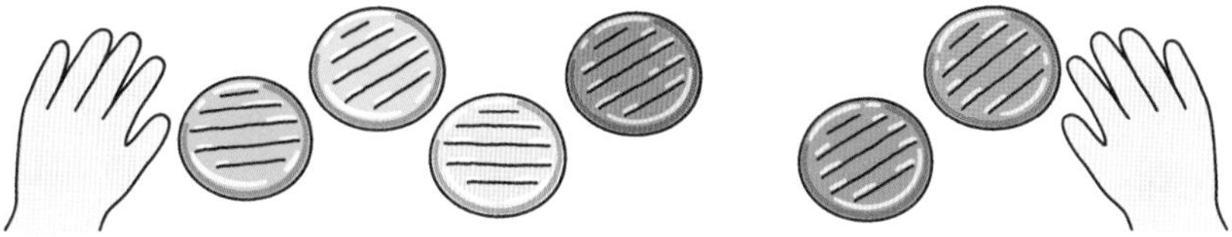

6 こ

2 こまは，みんなで　なんこ　ありますか。〔10てん〕

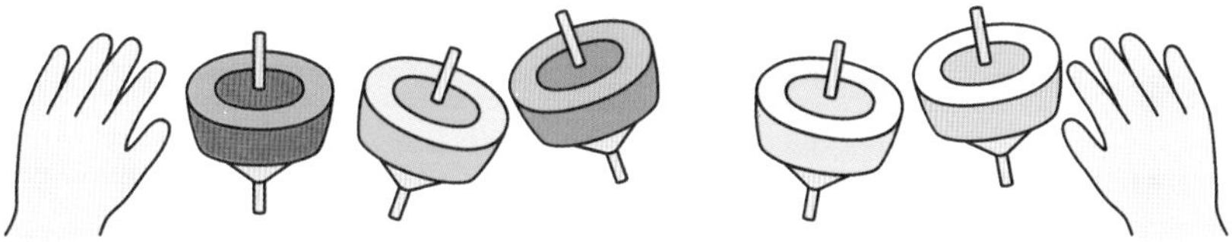

こ

3 あひるは，みんなで　なんわ　いますか。〔10てん〕

わ

4 かたつむりは，あわせると　なんびきに　なりますか。〔10てん〕

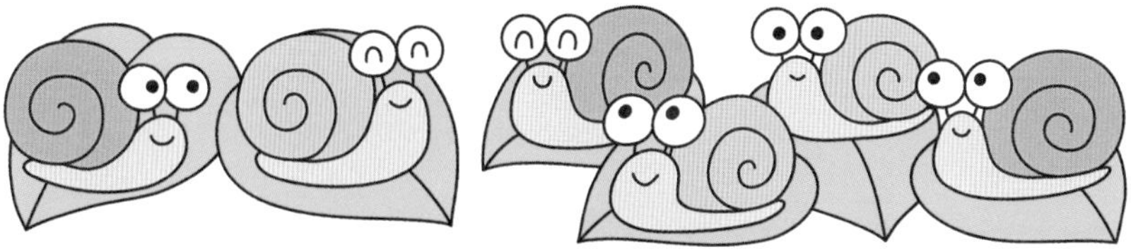

ぴき

5 はこは，あわせると　なんこに　なりますか。〔10てん〕

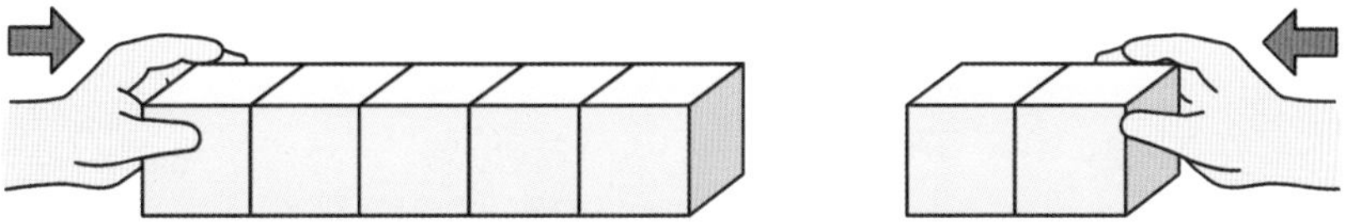

こ

6 はこが　3こ　あります。4こ　ふえると，なんこに　なりますか。

〔10てん〕

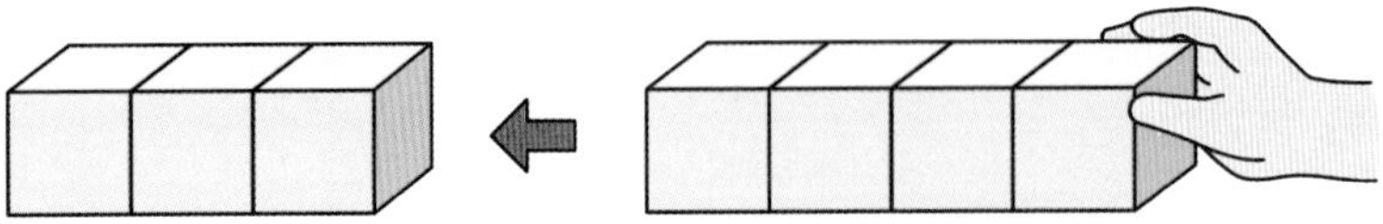

□ こ

7 じどうしゃが　4だい　あります。2だい　ふえると，ぜんぶで　なんだいに　なりますか。

〔10てん〕

□ だい

8 はとが　5わ　います。4わ　くると，ぜんぶで　なんわに　なりますか。

〔10てん〕

□ わ

9 ひよこ　3わと　6わを　あわせると，なんわに　なりますか。

〔10てん〕

□ わ

10 ふうせんが　2つと　4つ　あります。みんなで　いくつ　ありますか。

〔10てん〕

□ つ

えを　よく　みて　こたえよう。

とくてん　　てん

2 たしざん ②

がつ　月　にち　日　なまえ

じ　ふん
» おわり
じ　ふん

むずかしさ ★★

1 りんご　3こと　2こを　あわせると，5こに　なります。この
ことを　しきに　かきましょう。〔10てん〕

しき　3 ＋ 2 ＝ 5

2 しきに　かきましょう。〔1もん　10てん〕

① えんぴつ　5ほんと　3ぼんを　あわせると，8ほんに　なります。

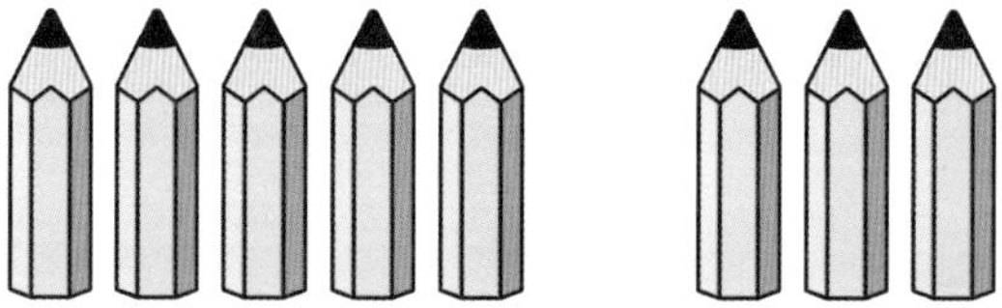

しき　5 ＋ 3 ＝ 8

② たまご　2こと　5こを　あわせると，7こに　なります。

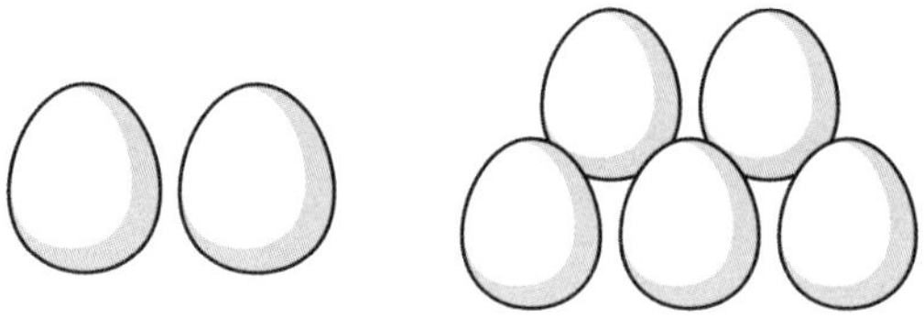

しき　□ ＋ □ ＝ □

③ きんぎょ　4ひきと　2ひきを　あわせると，6ぴきに　なります。

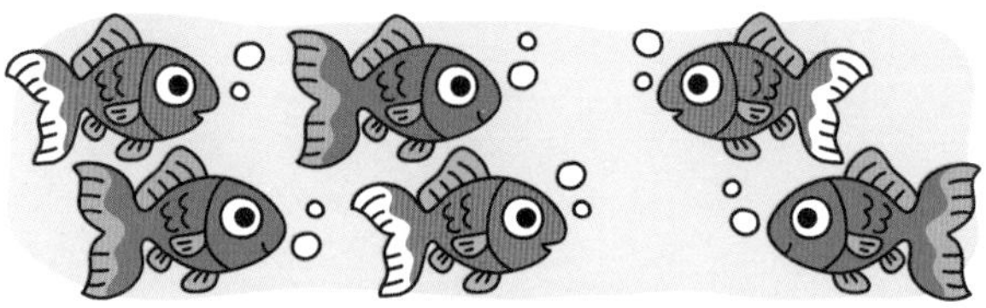

しき　□ ＋ □ ＝ □

④ いろがみ　3まいと　4まいを　あわせると，7まいに　なります。

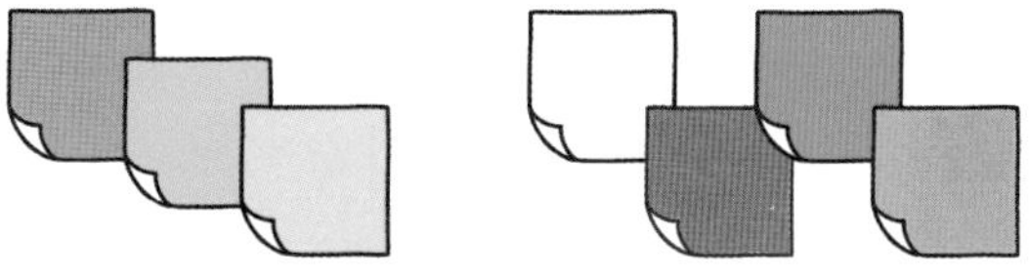

しき　□ ＋ □ ＝ □

3 しきに　かきましょう。　〔1もん　10てん〕

①

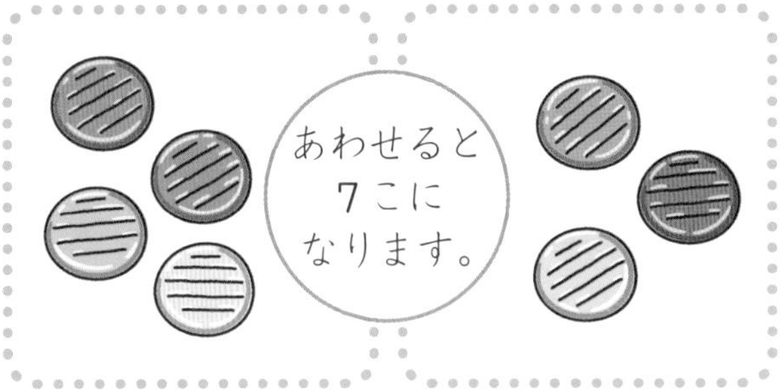
あわせると
7こに
なります。

しき

4 ＋ 3 ＝ 7

②

あわせると
8にんに
なります。

しき

3 ＋ □ ＝ □

③

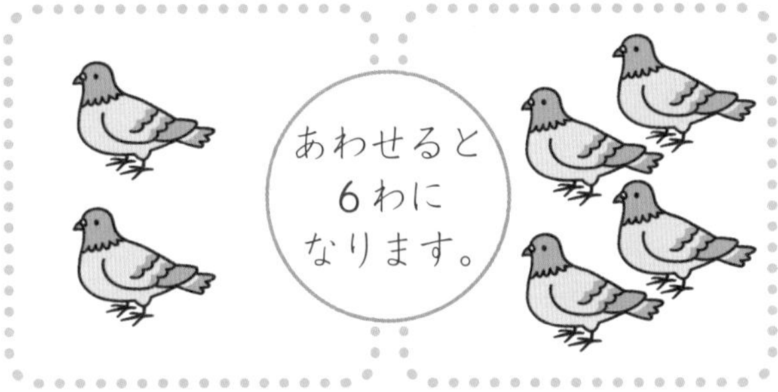
あわせると
6わに
なります。

しき

□ ＋ □ ＝ □

④

あわせると
9ひきに
なります。

しき

□ ＋ □ ＝ □

⑤

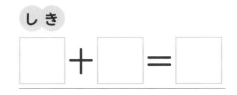

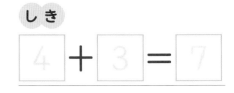

あわせると
10こに
なります。

しき

□ ＋ □ ＝ □

えを　よく　みて　しきを　かこう。

とくてん　　てん

3 たしざん ③

月　日　なまえ

はじめ　じ　ふん
おわり　じ　ふん

むずかしさ ★★

1 しきを　かいて　こたえましょう。　〔1もん　10てん〕

① あわせると　なんわですか。

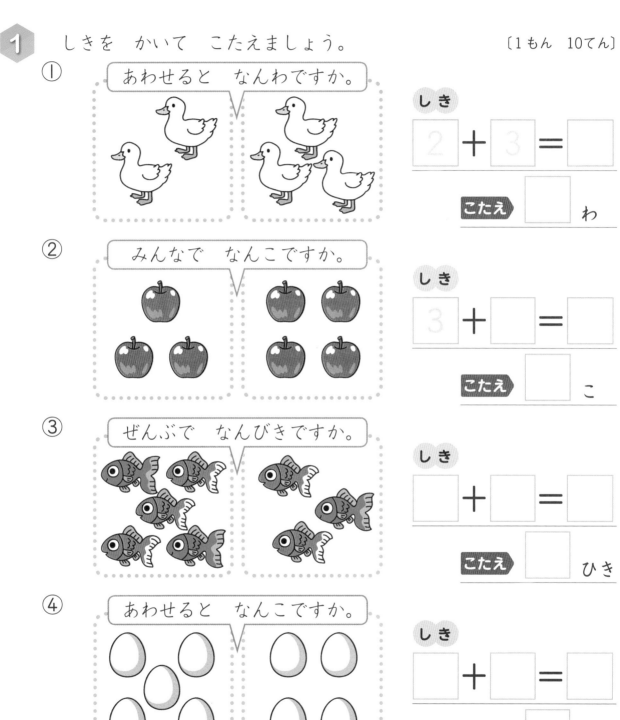

しき　2 ＋ 3 ＝ □

こたえ　□ わ

② みんなで　なんこですか。

しき　3 ＋ □ ＝ □

こたえ　□ こ

③ ぜんぶで　なんびきですか。

しき　□ ＋ □ ＝ □

こたえ　□ ひき

④ あわせると　なんこですか。

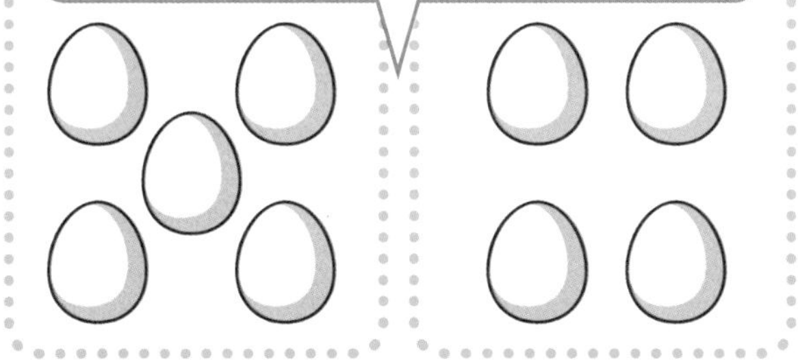

しき　□ ＋ □ ＝ □

こたえ　□ こ

2 しきを　かいて　こたえましょう。　〔1もん　10てん〕

① あおい　かみ　5まいと　あかい　かみ　4まいを　あわせると，なんまいに　なりますか。

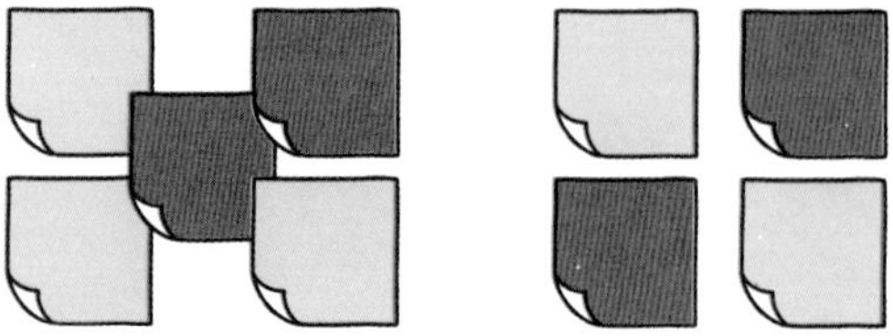

しき　5＋4＝9

こたえ　□まい

② ほんが　4さつと　2さつ　あります。ほんは　ぜんぶで　なんさつ　ありますか。

しき　4＋2＝

こたえ　□さつ

③ えんぴつが　6ぽんと　3ぼん　あります。みんなで　なんぼん　ありますか。

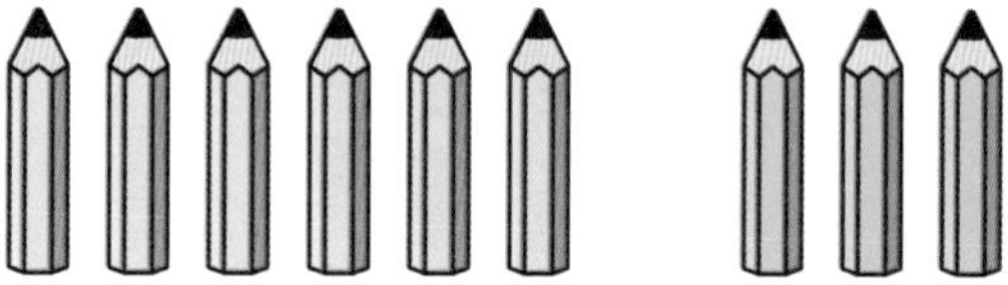

しき

こたえ　□ほん

④ たまご　3こと　2こを　あわせると，なんこに　なりますか。

しき

こたえ　□こ

⑤ しまうまが　5とう，ぞうが　3とう　います。みんなで　なんとう　いますか。

しき

こたえ　□とう

⑥ じどうしゃ　5だいと　2だいを　あわせると，なんだいに　なりますか。

しき

こたえ　□だい

まちがえた　もんだいは，もう　いちど　やりなおして　みよう。

とくてん　　てん

4 たしざん ④

月　日　なまえ

はじめ　じ　ふん
おわり　じ　ふん

むずかしさ ★★

1 　あおい　はなが　3ぼん，しろい　はなが　6ぽん　さきました。ぜんぶで　なんぼん　さきましたか。〔10てん〕

しき　3＋6＝

こたえ　ほん

2 　おかしが　おさらに　2こ，はこに　6こ　あります。おかしは　みんなで　なんこ　ありますか。〔10てん〕

しき　2＋6＝

こたえ　こ

3 　ぶらんこで　4にん，すべりだいで　3にんの　こどもが　あそんで　います。こどもは　ぜんぶで　なんにんですか。〔10てん〕

しき

こたえ

4 　えんぴつを　おかあさんから　6ぽん，おねえさんから　2ほん　もらいました。ぜんぶで　なんぼん　もらいましたか。〔10てん〕

しき

こたえ

5 　あんなさんは　あかい　ふうせんを　4つ，きいろい　ふうせんを　2つ　もって　います。ふうせんは　あわせて　いくつ　ありますか。〔10てん〕

しき

こたえ

6　とんぼが　4ひき　とまって　います。その　ちかくを　5ひきの　とんぼが　とんで　います。とんぼは　みんなで　なんびき　いますか。　〔10てん〕

しき

こたえ　ひき

7　あかい　おはじきが　3こ，あおい　おはじきが　2こ　あります。おはじきは　ぜんぶで　なんこ　ありますか。　〔10てん〕

しき

こたえ

8　けずった　えんぴつが　5ほん，けずって　いない　えんぴつが　4ほん　あります。えんぴつは　ぜんぶで　なんぼん　ありますか。　〔10てん〕

しき

こたえ

9　かきを　4こ　とりました。かきは　まだ　きに　3こ　のこって　います。かきは　ぜんぶで　なんこ　ありますか。　〔10てん〕

しき

こたえ

10　しろい　じどうしゃが　6だい，くろい　じどうしゃが　2だい　とまって　います。じどうしゃは　あわせて　なんだい　とまって　いますか。　〔10てん〕

しき

こたえ

もんだいを　よく　よんで　しきを　かこう。

とくてん　てん

5 たしざん ⑤

はじめ　じ　ふん
おわり　じ　ふん

むずかしさ ★★

月　日　なまえ

1 じどうしゃが　2だい　あります。3だい　ふえると，5だいに　なります。しきに　かきましょう。〔10てん〕

しき　2 ＋ 3 ＝ □

2 2ひき　ふえると，6ぴきに　なります。しきに　かきましょう。〔10てん〕

しき　4 ＋ □ ＝ □

3 しきに　かきましょう。〔1もん　10てん〕

①

あと　4ほん　もらうと，
7ほんに　なります。

しき　3 ＋ □ ＝ □

②

あと　2ひき　くると，
5ひきに　なります。

しき　□ ＋ □ ＝ □

4 しきに　かきましょう。　〔1もん　10てん〕

① かびんに　はなが　3ぼん　さして　あります。5ほん　いれると，8ほんに　なります。

しき　3＋5＝8

② こどもが　5にん　あそんで　います。ふたり　きたので，みんなで　7にんに　なりました。

しき

③ いけに　あひるが　4わ　います。そこへ　3わ　きて，ぜんぶで　7わに　なりました。

しき

④ あめが　6こ　あります。あと　2こ　もらったので，ぜんぶで　8こに　なりました。

しき

⑤ えほんが　7さつ　ありました。きょう　2さつ　かったので，ぜんぶで　9さつに　なりました。

しき

⑥ すずめが　4わ　とまって　います。そこへ　5わ　とんで　きたので，ぜんぶで　9わに　なりました。

しき

まちがえた　もんだいは，もう　いちど　やりなおして　みよう。

とくてん　　てん

6 たしざん ⑥

月　日　なまえ

はじめ　じ　ふん　おわり　じ　ふん

むずかしさ ★★

1 しきを　かいて　こたえましょう。〔1もん　10てん〕

①

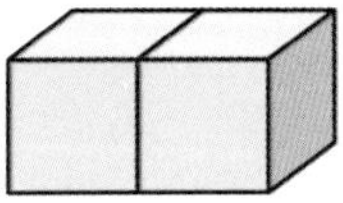

4こ　ふえると、
なんこに
なりますか。

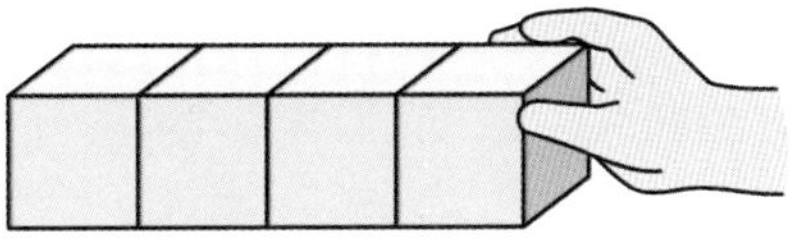

しき　2＋4＝

こたえ　こ

②

2ほん　いれると、
なんぼんに
なりますか。

しき　3＋　＝

こたえ　ほん

③

あと　3こ
もらうと、
なんこに
なりますか。

しき

こたえ

④

あと　4ひき
くると、
なんびきに
なりますか。

しき

こたえ

2 しきを　かいて　こたえましょう。　〔1もん　10てん〕

① じどうしゃが　4だい　とまって　います。3だい　ふえると，なんだいに　なりますか。

しき　4＋3＝

こたえ　だい

② はとが　5わ　います。2わ　とんで　くると，なんわに　なりますか。

しき

こたえ

③ こどもが　6にん　います。ふたり　ふえると，なんにんに　なりますか。

しき

こたえ

④ えんぴつを　7ほん　もって　います。あと　2ほん　もらうと，なんぼんに　なりますか。

しき

こたえ

⑤ いぬが　3びき　います。2ひき　くると，なんびきに　なりますか。

しき

こたえ

⑥ みかんが　4こ　あります。あと　5こ　もらうと，なんこに　なりますか。

しき

こたえ

もんだいを　よく　よんで　しきを　かこう。

とくてん　てん

7 たしざん ⑦

はじめ　じ　ふん
おわり　じ　ふん

むずかしさ ★★

月　日　なまえ

1 こどもが　6にん　あそんで　います。ふたり　くると，ぜんぶで　なんにんに　なりますか。〔10てん〕

しき

こたえ　にん

2 いけに　こいが　4ひき　います。3びき　いれると，ぜんぶで　なんびきに　なりますか。〔10てん〕

しき

こたえ　ひき

3 いろがみが　7まい　あります。あと　2まい　もらうと，ぜんぶで　なんまいに　なりますか。〔10てん〕

しき

こたえ

4 さかなを　5ひき　つりました。あとから　3びき　つりました。ぜんぶで　なんびき　つりましたか。〔10てん〕

しき

こたえ

5 えほんが　6さつ　あります。あと　3さつ　かうと，ぜんぶで　なんさつに　なりますか。〔10てん〕

しき

こたえ

6 ゆかりさんは，きのこを　4こ　とりました。あとから　また　3こ　とりました。ぜんぶで　なんこ　とりましたか。〔10てん〕

しき

こたえ

7 たまごが　5こ　ありました。きょう　にわとりが　たまごを　4こ　うみました。たまごは　ぜんぶで　なんこに　なりましたか。〔10てん〕

しき

こたえ

8 おりがみで　つるを　4わ　おりました。あとから　2わ　おりました。ぜんぶで　つるを　なんわ　おりましたか。〔10てん〕

しき

こたえ

9 ひろきさんは　えんぴつを　10ぽん　もって　います。おかあさんに　8ほん　もらいました。えんぴつは　ぜんぶで　なんぼんに　なりましたか。〔10てん〕

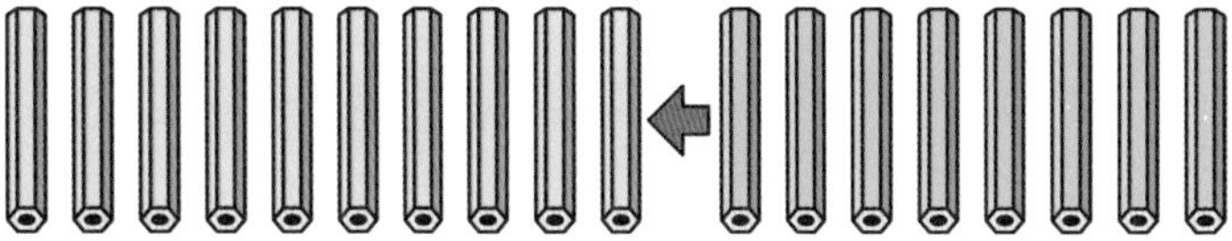

しき

こたえ

10 ちゅうしゃじょうに　じどうしゃが　12だい　とまって　います。そこへ，4だい　やって　きました。じどうしゃは　ぜんぶで　なんだいに　なりましたか。〔10てん〕

しき

こたえ

もんだいを　よく　よんで　しきを　かこう。

とくてん　　てん

8 たしざん ⑧

はじめ　じ　ふん
おわり　じ　ふん
むずかしさ ★★

月　日　なまえ

1 いけに　こいが　5ひき　いました。きょう　4ひき　いれました。こいは　ぜんぶで　なんびきに　なりましたか。〔10てん〕

しき

こたえ　ひき

2 たくみさんは　どうわの　ほんを　4さつ，えほんを　6さつ　もって　います。たくみさんは，ほんを　あわせて　なんさつ　もって　いますか。〔10てん〕

しき

こたえ

3 あかい　いろがみが　11まい，あおい　いろがみが　8まい　あります。いろがみは　ぜんぶで　なんまい　ありますか。〔10てん〕

しき

こたえ

4 はとが　6わ　います。2わ　とんで　きました。はとは　ぜんぶで　なんわに　なりましたか。〔10てん〕

しき

こたえ

5 りおさんは，きのう　いちごを　12こ　たべ，きょう　5こ　たべました。ぜんぶで　いちごを　なんこ　たべましたか。〔10てん〕

しき

こたえ

6 こうえんで　こどもが　9にん　あそんで　いました。あとから　こどもが　3にん　きました。こうえんに　いる　こどもは　なんにんに　なりましたか。〔10てん〕

しき

こたえ

7 みつきさんは　ほんを　7さつ　もって　います。3さつ　かいました。ぜんぶで　なんさつに　なりましたか。〔10てん〕

しき

こたえ

8 みなとに　ふねが　13そう　あります。そこへ　2そう　もどって　きました。ぜんぶで　なんそうに　なりましたか。〔10てん〕

しき

こたえ

9 はがきを　ともだちに　8まい，しんせきに　4まい　だします。はがきは　なんまい　あれば　よいですか。〔10てん〕

しき

こたえ

10 かなたさんは，えんぴつを　まさおさんに　3ぼん，ゆうかさんに　4ほん　あげました。あげた　えんぴつは　あわせて　なんぼんですか。

〔10てん〕

しき

こたえ

まちがえた　もんだいは，もう　いちど　やりなおして　みよう。

とくてん　　てん

9 たしざん ⑨

月　日　なまえ

じ　ふん

≫おわり

じ　ふん

むずかしさ ★★

1　なしが　5こ　あります。みかんは　なしより　1こ　おおいそうです。みかんは　なんこ　ありますか。〔10てん〕

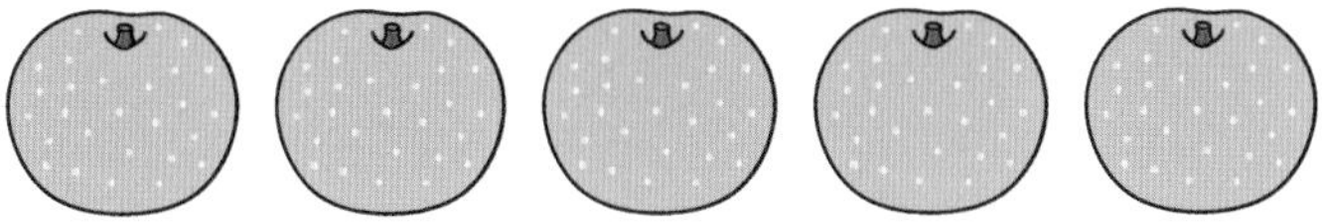

こたえ

2　どうわの　ほんが　5さつ　あります。えほんは　どうわの　ほんより　2さつ　おおいそうです。えほんは　なんさつ　ありますか。〔10てん〕

こたえ

3　てんとうむしが　4ひき　います。ちょうは　てんとうむしより　2ひき　おおいそうです。ちょうは　なんびき　いますか。〔10てん〕

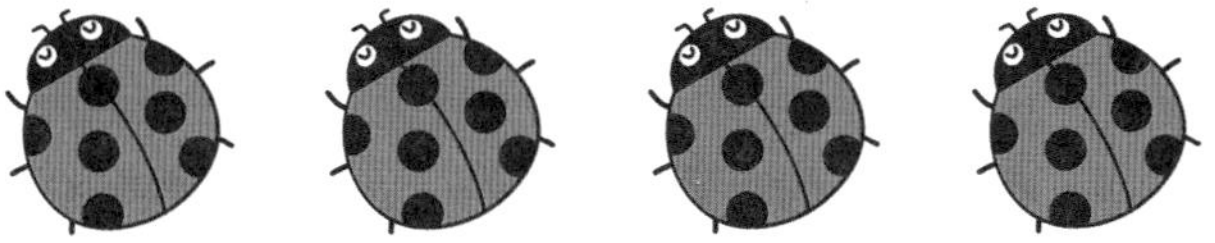

しき

こたえ

4　ことりが　6わ　います。にわとりは　ことりより　4わ　おおいそうです。にわとりは　なんわ　いますか。〔10てん〕

しき

こたえ

5　こどもが　5にん　います。おとなは，こどもより　3にん　おおいそうです。おとなは　なんにん　いますか。

〔10てん〕

しき

こたえ

6　うえきばちが　4こ　あります。きゅうこんは　うえきばちより　2こ　おおいそうです。きゅうこんは　なんこ　ありますか。〔10てん〕

しき

こたえ

7　ゆうまさんは　いちごを　7こ　たべました。すすむさんは　ゆうまさんより　3こ　おおく　たべました。すすむさんは，いちごを　なんこ　たべましたか。

〔15てん〕

しき

こたえ

8　あかい　いろがみが　8まい　あります。あおい　いろがみは　あかい　いろがみより　3まい　おおいそうです。あおい　いろがみは　なんまい　ありますか。

〔10てん〕

しき

こたえ

9　すいそうに　めだかが　15ひき　はいって　います。きんぎょは　めだかより　4ひき　おおいそうです。きんぎょは　なんびき　いますか。

〔15てん〕

しき

こたえ

もんだいを　よく　よんで　しきを　かこう。

とくてん　　てん

たしざん ⑩

10			

月 日　なまえ

じ　ふん
≫ おわり
じ　ふん

むずかしさ
★★

1 おかしを おさら 1まいに 1こずつ のせます。おさらは 5まい あります。おかしは なんこ あれば よいですか。

〔10てん〕

こたえ 5 こ

2 いろがみを ひとりに 1まいずつ くばります。1ねんせいが ふたり, 2ねんせいが 3にん います。いろがみは ぜんぶで なんまい あれば よいですか。

〔10てん〕

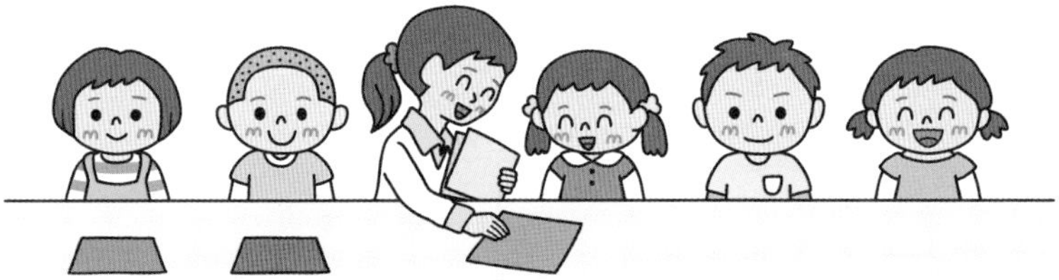

こたえ

3 ほんを ひとりに 1さつずつ くばります。こどもが 3にん, おとなが 4にん います。ほんは ぜんぶで なんさつ あれば よいですか。

〔10てん〕

しき 3 + 4 = 7

こたえ

4 ねこが 4ひき います。あとから 2ひき きました。1ぴきに 1こずつ すずを つけるには, すずは ぜんぶで なんこ いりますか。

〔10てん〕

しき

こたえ

5 あかい　はなが　3ぼん，しろい　はなが　5ほん　あります。1つの　かびんに　はなを　1ぽんずつ　さします。かびんは　いくつ　あれば　よいですか。 〔10てん〕

しき

こたえ

6 ともだち　5にん，しんせき　5にんに　はがきを　だします。ひとりに　1まいずつ　だすには，はがきは　ぜんぶで　なんまいいりますか。 〔10てん〕

しき

こたえ

7 ももが　12こ，なしが　4こ　あります。1つの　はこに　1こずつ　いれるには，はこは　ぜんぶで　なんこ　いりますか。 〔10てん〕

しき

こたえ

8 あかい　ふねが　4そう，あおい　ふねも　4そう　あります。どの　ふねにも　はたを　1ぽんずつ　たてます。はたは　ぜんぶでなんぼん　あれば　よいですか。 〔15てん〕

しき

こたえ

9 6にんの　こどもが　1つの　いすに　ひとりずつ　こしかけています。いすは　まだ　4つ　あまって　います。いすは　ぜんぶでいくつ　ありますか。 〔15てん〕

しき

こたえ

まちがえた　もんだいは，もう　いちど　やりなおして　みよう。

とくてん　　てん

11 たしざん ⑪

はじめ　じ　ふん
≫おわり　じ　ふん

むずかしさ ★★

月　日　なまえ

1 いぬが　6ぴき　います。そこへ　2ひき　きました。いぬは　ぜんぶで　なんびきに　なりましたか。〔10てん〕

しき

こたえ

2 きのう　おかしを　8こ　たべました。きょう　また　4こ　たべました。たべた　おかしは　ぜんぶで　なんこですか。〔10てん〕

しき

こたえ

3 いけに　きんぎょが　7ひき　います。すいそうには　4ひき　います。きんぎょは　あわせると，なんびきに　なりますか。〔10てん〕

しき

こたえ

4 えんぴつを　ひとりに　1ぽんずつ　くばります。はじめに　3にん，あとから　7にんに　くばりました。えんぴつを　ぜんぶで　なんぼん　くばりましたか。〔10てん〕

しき

こたえ

5 こうていに　14ほん　きが　うえて　あります。あたらしく　4ほんの　きを　うえました。こうていの　きは　なんぼんに　なりましたか。〔10てん〕

しき

こたえ

6 じどうしゃが　6だい　とまって　います。2だい　きました。ぜんぶで　なんだいに　なりましたか。〔10てん〕

しき

こたえ

7 どうわの　ほんが　8さつ　あります。ものがたりの　ほんは　どうわの　ほんより　2さつ　おおいそうです。ものがたりの　ほんは　なんさつ　ありますか。〔10てん〕

しき

こたえ

8 ゆうなさんは　いろがみで　つるを　3わ　おりました。ひろとさんは，ゆうなさんより　5わ　おおく　おりました。ひろとさんは，つるを　なんわ　おりましたか。〔10てん〕

しき

こたえ

9 きょうしつに　こどもが　8にん　います。あとから　4にん　はいって　きました。こどもは　ぜんぶで　なんにんに　なりましたか。〔10てん〕

しき

こたえ

10 りんごが　12こ　あります。みかんは，りんごより　3こ　おおいそうです。みかんは　なんこ　ありますか。〔10てん〕

しき

こたえ

まちがえた　もんだいは，もう　いちど　やりなおして　みよう。

とくてん　　てん

12 ひきざん ①

はじめ　じ　ふん
おわり　じ　ふん

むずかしさ ★

がつ 月　にち 日　なまえ

1 おはじきを　2こ　とりました。のこりは　なんこですか。〔10てん〕

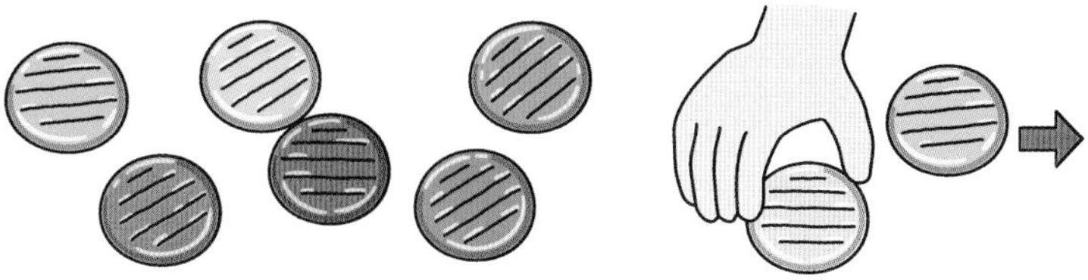

（6）こ

2 はこを　3こ　とりました。のこりは　なんこですか。〔10てん〕

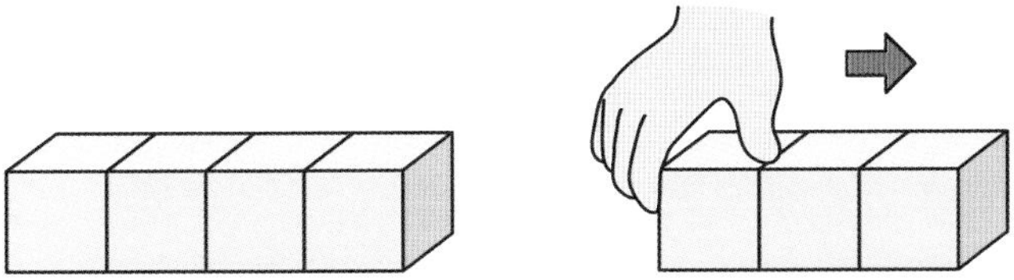

□こ

3 すずめが　4わ　とんで　いきました。のこりは　なんわですか。〔10てん〕

□わ

4 いちごを　3こ　たべると，のこりは　なんこですか。〔10てん〕

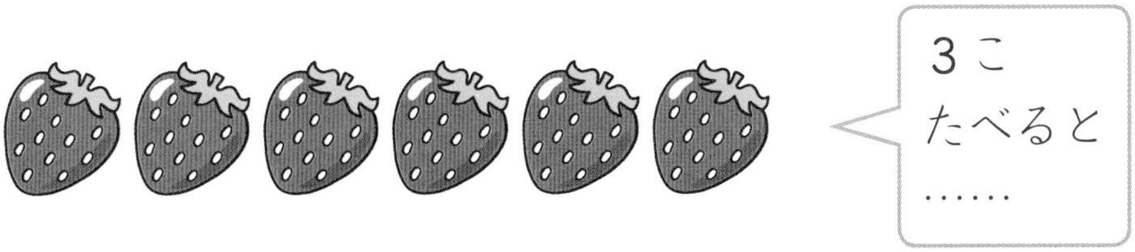

□こ

5 こどもが　5にん　かえりました。のこりは　なんにんですか。〔10てん〕

□にん

6 りんごと　みかんの　ちがいは　なんこですか。〔10てん〕

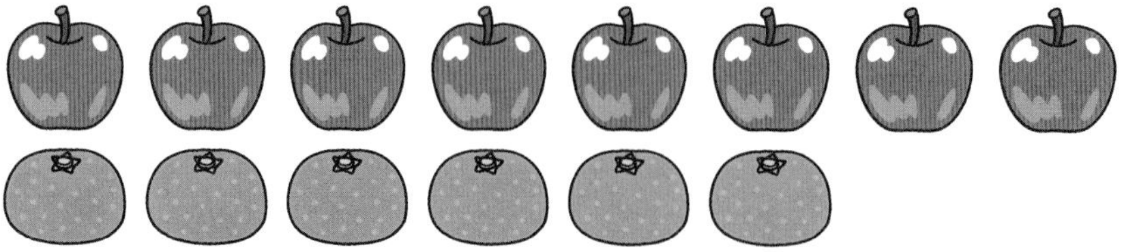

□ こ

7 あかい　きんぎょと　くろい　きんぎょの　ちがいは　なんびきですか。〔10てん〕

□ ひき

8 いぬと　ねこの　ちがいは　なんびきですか。〔10てん〕

□ ひき

9 はの　うえに　かえるが　5ひき　います。2ひき　とびこみました。はの　うえには　なんびき　のこりましたか。〔10てん〕

□ びき

10 ずかんは，えほんより　なんさつ　おおいですか。〔10てん〕

□ さつ

えを　よく　みて　こたえよう。

とくてん　てん

13 ひきざん ②

月　日　なまえ

はじめ　じ　ふん
おわり　じ　ふん

むずかしさ ★★

1 はこが　3こ　あります。1こ　とると，のこりは　2こに　なります。しきに　かきましょう。〔10てん〕

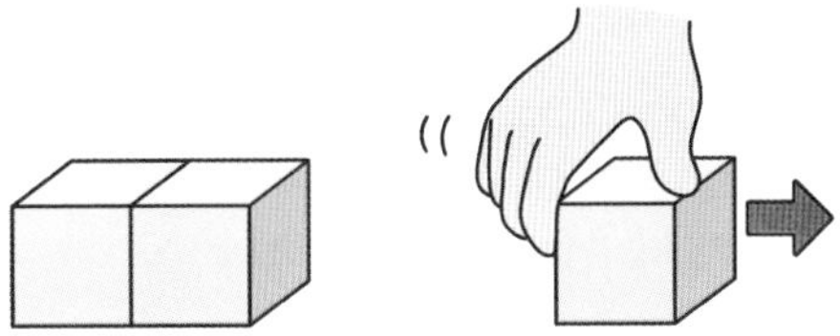

しき 3 − 1 = 2

2 しきに　かきましょう。〔1もん　10てん〕

① いけに　かめが　5ひき　いました。2ひき　でて　いったので，のこりが　3びきに　なりました。

しき 5 − 2 = 3

② いろがみが　6まい　あります。2まい　つかうと，のこりは　4まいです。

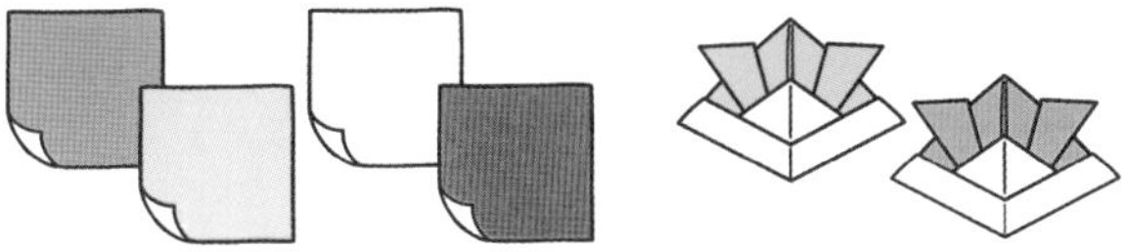

しき □ − □ = □

③ つばめが　7わ　とまって　います。3わ　とんで　いったので，のこりは　4わに　なりました。

しき □ − □ = □

④ はなが　8ほん　あります。2ほん　あげると，のこりは　6ぽんです。

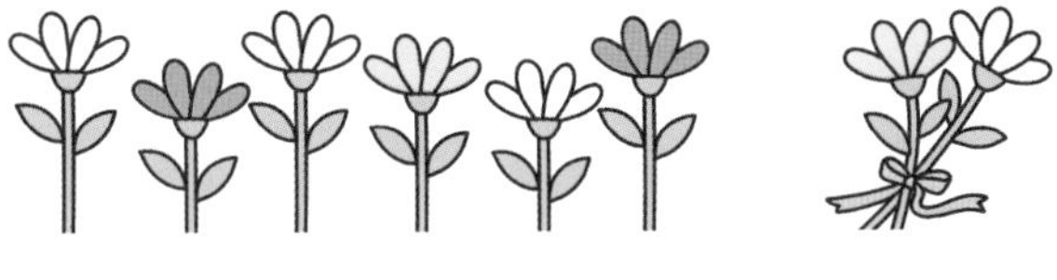

しき □ − □ = □

3 しきに　かきましょう。　〔1もん　10てん〕

①

4わ　とんで　いくと，
のこりは　2わです。

しき　6 − 4 = 2

②

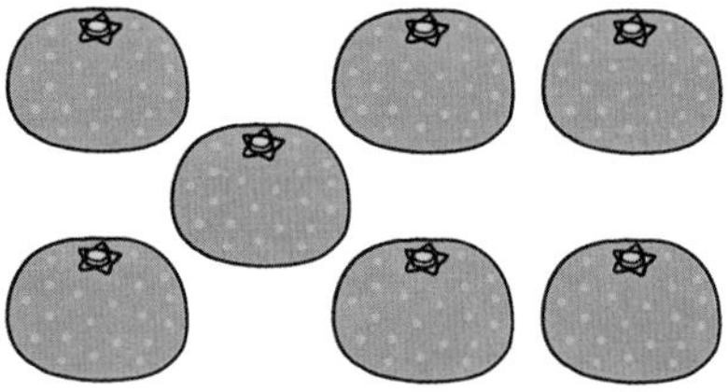

2こ　たべると，
のこりは　5こです。

しき　7 − □ = □

③

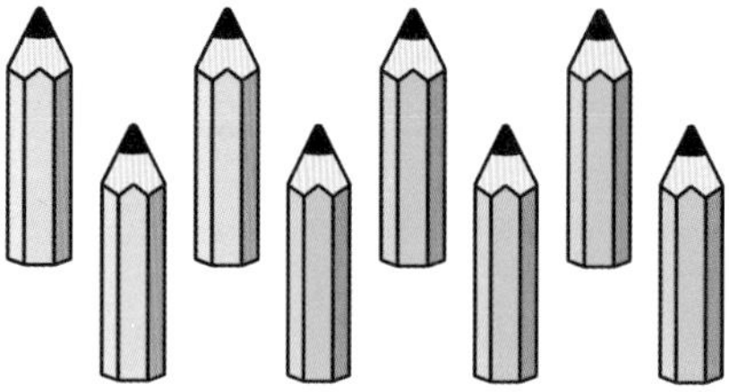

3ぼん　あげると，
のこりは　5ほんです。

しき　□ − □ = □

④

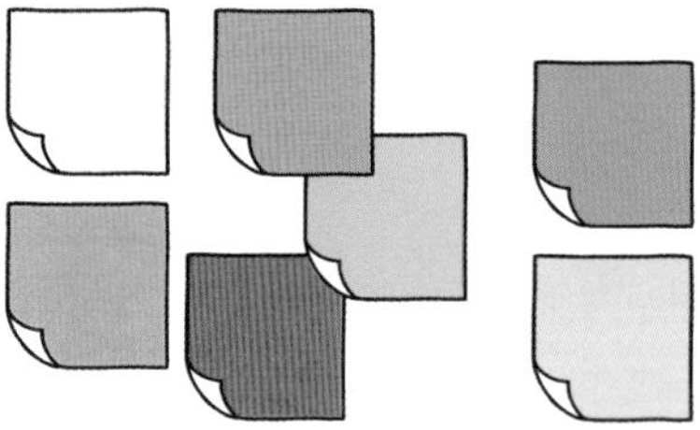

5まい　つかうと，
のこりは　2まいです。

しき　□ − □ = □

⑤

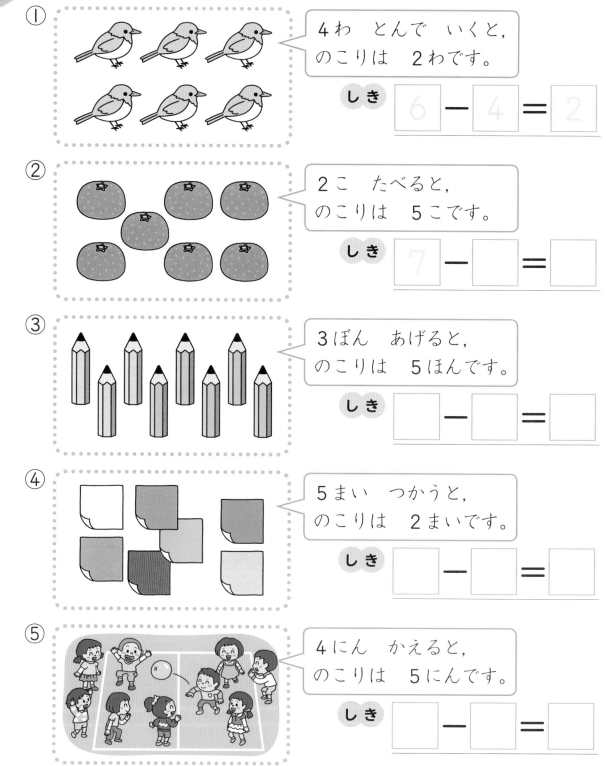

4にん　かえると，
のこりは　5にんです。

しき　□ − □ = □

えを　よく　みて　しきを　かこう。

とくてん　　てん

14 ひきざん ③

がつ　にち
月　日　なまえ

はじめ　じ　ふん
おわり　じ　ふん

むずかしさ ★★

1 しきを　かいて　こたえましょう。〔1もん　10てん〕

①

2こ
たべると，
のこりは
なんこ
ですか。

しき　8 ー 2 ＝ □

こたえ　□ こ

②
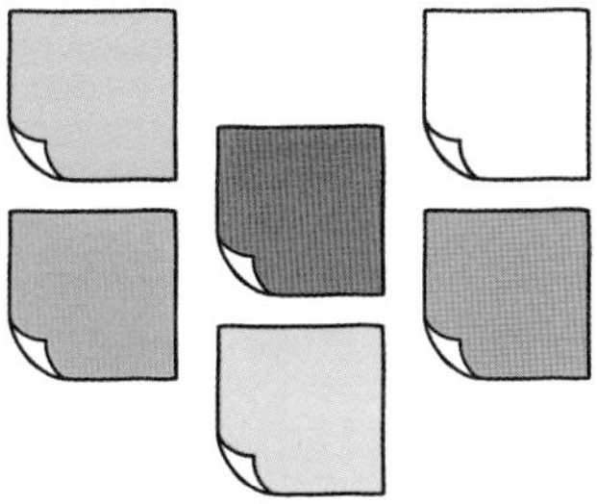

4まい
つかうと，
のこりは
なんまい
ですか。

しき　6 ー □ ＝ □

こたえ　□ まい

③

3こ
たべると，
のこりは
なんこ
ですか。

しき　□ ー □ ＝ □

こたえ　□ こ

④

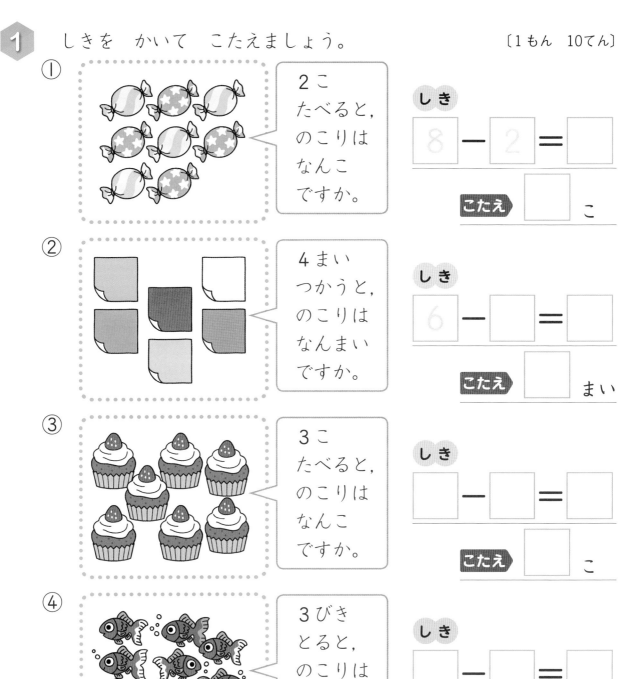

3びき
とると，
のこりは
なんびき
ですか。

しき　□ ー □ ＝ □

こたえ　□ ひき

2 しきを　かいて　こたえましょう。　〔1もん　10てん〕

① すずめが　6わ　でんせんに　とまって　います。2わ　とんで　いきました。のこりは　なんわですか。

しき　6－2＝4

こたえ　□ わ

② えんぴつが　10ぽん　あります。3ぼん　あげると，のこりは　なんぼんに　なりますか。

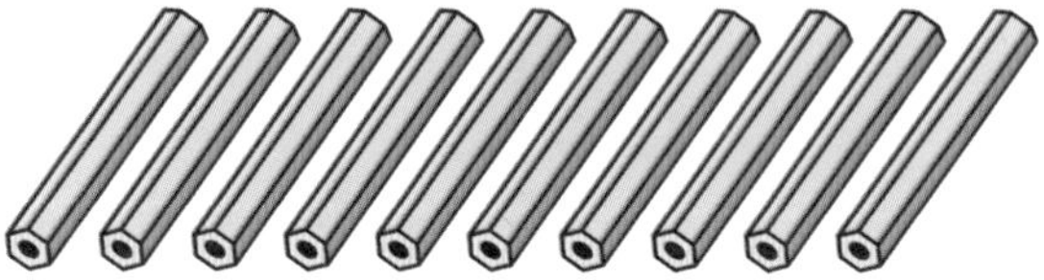

しき　10－3＝

こたえ　□ ほん

③ いけに　きんぎょが　8ひき　います。5ひき　すくうと，のこりは　なんびきに　なりますか。

しき

こたえ　□ びき

④ がようしが　7まい　あります。4まい　つかいました。のこりは　なんまいですか。

しき

こたえ　□ まい

⑤ たまごが　9こ　あります。3こ　たべると，のこりは　なんこに　なりますか。

しき

こたえ　□ こ

⑥ はなが　8ほん　さいて　います。6ぽん　とると，のこりは　なんぼんに　なりますか。

しき

こたえ　□ ほん

もんだいを　よく　よんで　しきを　かこう。

とくてん　てん

15 ひきざん ④

がつ 月　にち 日　なまえ

じ　ふん
>> おわり
じ　ふん

むずかしさ ★★

1 りんごが　8こ　あります。5こ　たべると，のこりは　なんこですか。〔10てん〕

しき　8－5＝

こたえ　こ

2 じどうしゃが　9だい　とまって　います。3だい　でて　いくと，のこりは　なんだいに　なりますか。〔10てん〕

しき

こたえ

3 はがきが　7まい　あります。4まい　つかうと，のこりは　なんまいに　なりますか。〔10てん〕

しき

こたえ

4 こどもが　8にん　あそんで　います。3にん　かえると，のこりは　なんにんですか。〔10てん〕

しき

こたえ

5 ふうせんが　7つ　あります。3つ　とんで　いきました。ふうせんは　いくつ　のこって　いますか。〔10てん〕

しき

こたえ

6 えほんが　6さつ　あります。2さつ　ともだちに　かしました。えほんは　なんさつ　のこって　いますか。〔10てん〕

しき

こたえ

7 かきが　きに　8こ　なって　います。5こ　とりました。かきは　きに　なんこ　のこって　いますか。〔10てん〕

しき

こたえ

8 みかんが　7こ　ありました。ただしさんは　きょう　2こ　たべました。みかんは　なんこ　のこって　いますか。〔10てん〕

しき

こたえ

9 いつきさんは　はなびを　9ほん　もって　いました。こんや　おとうさんと　5ほん　つかいました。はなびは　なんぼん　のこって　いますか。〔10てん〕

しき

こたえ

10 いけに　さかなが　10ぴき　います。ともだちに　2ひき　あげました。いけには　さかなが　なんびき　のこって　いますか。〔10てん〕

しき

こたえ

まちがえた　もんだいは，もう　いちど　やりなおして　みよう。

とくてん　てん

16

ひきざん ⑤

じ　ふん
≫おわり
じ　ふん

むずかしさ ★★

月　日　なまえ

1 みかんが　7こ　あります。3こ　たべると，のこりは　なんこですか。　〔10てん〕

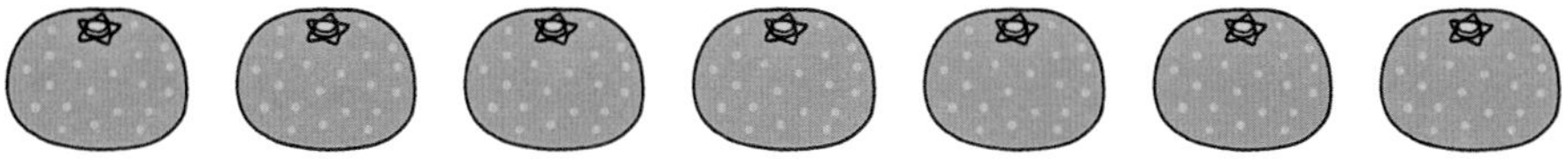

しき

こたえ

2 いろがみが　6まい　あります。2まい　つかいました。のこりは　なんまいですか。　〔10てん〕

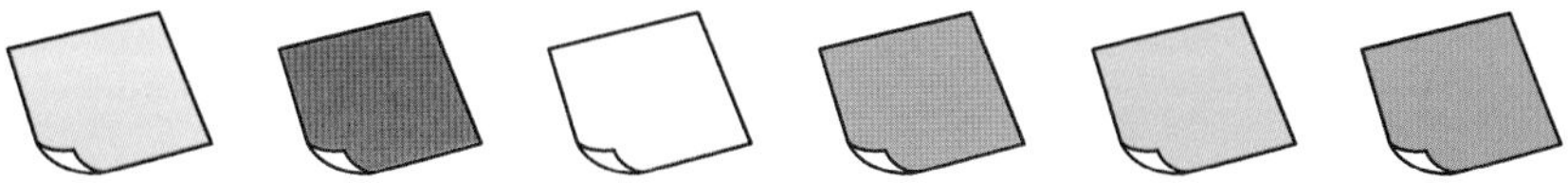

しき

こたえ

3 えんぴつが　7ほん　あります。3ぼん　けずって　あります。けずって　いない　えんぴつは　なんぼん　ありますか。　〔10てん〕

しき　7－3＝

こたえ

4 えほんが　6さつ　あります。2さつ　よみました。よんで　いない　えほんは　なんさつですか。　〔10てん〕

しき

こたえ

5 はがきが　9まい　あります。4まい　つかいました。つかって　いない　はがきは　なんまいですか。　〔10てん〕

しき

こたえ

6 きゅうりが　6ぽん　あります。2ほんが　いたんで　いました。いたんで　いない　きゅうりは　なんぼんですか。　〔10てん〕

しき

こたえ

7 あいりさんは　たまいれで　10この　たまを　なげました。はいった　たまの　かずは　6こです。はいらなかった　たまの　かずは　なんこですか。　〔10てん〕

しき

こたえ

8 かさが　7ほん　あります。3ぼん　こわれて　います。こわれて　いない　かさは　なんぼんですか。　〔10てん〕

しき

こたえ

9 あかい　ふうせんと　きいろい　ふうせんが　あわせて　8つ　あります。あかい　ふうせんは　3つです。きいろい　ふうせんは　いくつですか。　〔10てん〕

しき

こたえ

10 いぬが　8ひき　います。おすの　いぬは　5ひきです。めすの　いぬは　なんびきですか。　〔10てん〕

しき

こたえ

もんだいを　よく　よんで　しきを　かこう。

とくてん　　てん

17 ひきざん ⑥

月　日　なまえ

じ　ふん　>> おわり　じ　ふん

むずかしさ ★★

1 ねこと　ねずみの　ちがいは　なんびきですか。〔10てん〕

こたえ　3びき

2 たいこが　7つ，らっぱが　5つ　あります。ちがいは　いくつですか。〔10てん〕

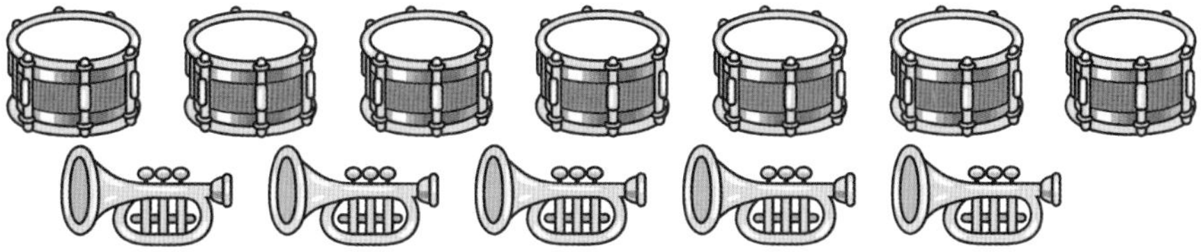

しき　7－5＝2

こたえ

3 じてんしゃが　8だい，いちりんしゃが　6だい　あります。ちがいは　なんだいですか。〔10てん〕

しき

こたえ

4 あかい　ふうせんが　9つ，あおい　ふうせんが　5つ　あります。ちがいは　いくつですか。〔10てん〕

しき

こたえ

5 りんごと　みかんの　ちがいは　なんこですか。〔10てん〕

しき

こたえ

6 みぎと　ひだりの　おはじきの　かずの　ちがいは　なんこですか。〔10てん〕

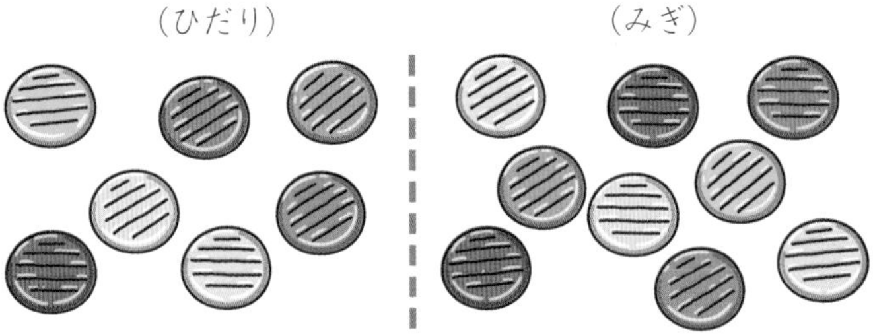

しき

こたえ

7 かえるが　8ひき，こいが　3びき　います。ちがいは　なんびきですか。〔20てん〕

しき

こたえ

8 あかい　はなが　4ほん，しろい　はなが　7ほん　あります。ちがいは　なんぼんですか。〔20てん〕

しき

こたえ

まちがえた　もんだいは，もう　いちど　やりなおして　みよう。

とくてん　　てん

18 ひきざん ⑦

がつ 月　にち 日　なまえ

じ　ふん
≫おわり
じ　ふん

むずかしさ ★★

1 りんごは　みかんより　なんこ　おおいですか。〔10てん〕

こたえ　3 こ

2 みかんは　りんごより　なんこ　すくないですか。〔10てん〕

こたえ

3 りんごが　6こ，みかんが　4こ　あります。みかんは　りんごより　なんこ　すくないですか。〔10てん〕

しき　6 − 4 = 2

こたえ

4 ちょうが　6ぴき，てんとうむしが　2ひき　います。てんとうむしは　ちょうより　なんびき　すくないですか。〔10てん〕

しき

こたえ

5 さるは　くまより　なんびき　おおいですか。 〔10てん〕

しき　8 − 5 =

こたえ

6 おさらは　おかしより　いくつ　すくないですか。 〔10てん〕

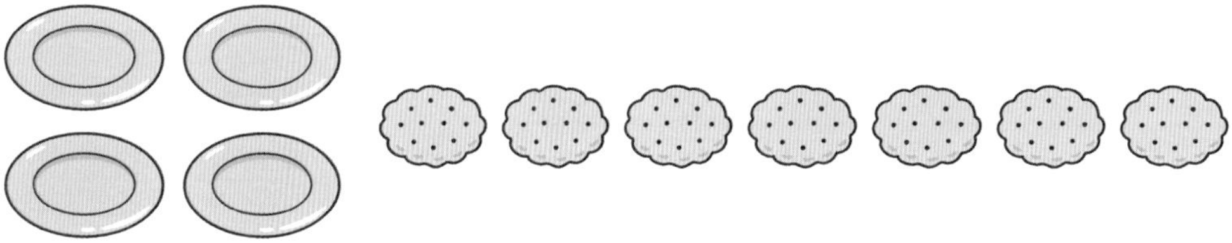

しき

こたえ

7 がようしが　9まい，いろがみが　6まい　あります。がようしは　いろがみより　なんまい　おおいですか。 〔20てん〕

しき

こたえ

8 おはじきが　4こ，つみきが　10こ　あります。おはじきは　つみきより　なんこ　すくないですか。 〔20てん〕

しき

こたえ

もんだいを　よく　よんで　しきを　かこう。

とくてん　　てん

19 ひきざん ⑧

月 日 なまえ

じ ふん
≫おわり
じ ふん

むずかしさ ★★

1 りんごが　8こ，みかんが　6こ　あります。りんごは　みかんより　なんこ　おおいですか。〔10てん〕

しき

こたえ

2 りんごが　4こ，みかんが　7こ　あります。りんごは　みかんより　なんこ　すくないですか。〔10てん〕

しき

こたえ

3 りんごが　8こ，みかんが　5こ　あります。どちらが　なんこ　おおいですか。〔10てん〕

しき　8－5＝3

こたえ　りんご　の　ほうが　□　こ　おおい。

4 あかい　いろがみが　10まい，あおい　いろがみが　6まい　あります。どちらが　なんまい　おおいですか。〔10てん〕

しき

こたえ　　　の　ほうが　　　まい　おおい。

5 きんぎょが　4ひき，めだかが　6ぴき　います。どちらが　なんびき　おおいですか。　〔15てん〕

しき

こたえ　　　　の　ほうが　　　　ひき　おおい。

6 あかえんぴつが　5ほん，あおえんぴつが　3ぼん　あります。どちらが　なんぼん　すくないですか。　〔15てん〕

しき　5－3＝2

こたえ　あおえんぴつ　の　ほうが　□　ほん　すくない。

7 きゅうこんが　8つ，うえきばちが　5つ　あります。どちらが　いくつ　すくないですか。　〔15てん〕

しき

こたえ　　　　の　ほうが　　　　つ　すくない。

8 こうえんに　すずめが　10わ，はとが　7わ　います。どちらが　なんわ　おおいですか。　〔15てん〕

しき

こたえ

こたえかたを　ただしく　おぼえて　おこう。

とくてん　　てん

20 ひきざん ⑨

がつ 月　にち 日　なまえ

はじめ　じ　ふん
おわり　じ　ふん

むずかしさ ★★

1 りんごが　8こ　あります。みかんは　りんごより　3こ　すくないそうです。みかんは　なんこ　ありますか。〔10てん〕

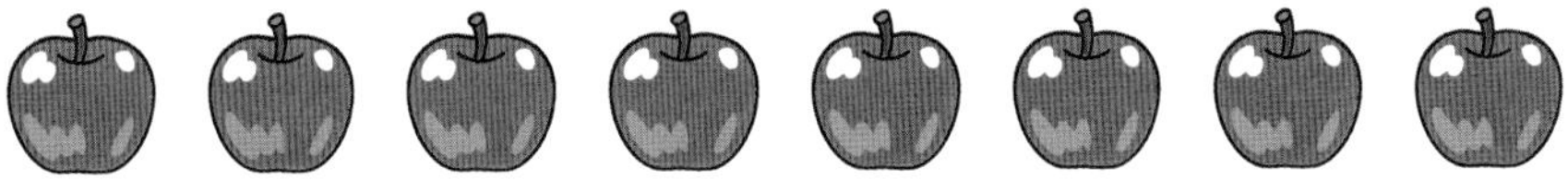

しき　8－3＝5

こたえ

2 こどもが　6にん　います。おとなは　こどもより　3にん　すくないそうです。おとなは　なんにん　いますか。〔10てん〕

しき　6－　＝

こたえ

3 じてんしゃが　10だい　あります。いちりんしゃは　じてんしゃより　3だい　すくないそうです。いちりんしゃは　なんだい　ありますか。〔10てん〕

しき

こたえ

4 きゅうこんが　8つ　あります。うえきばちは　きゅうこんより　2つ　すくないそうです。うえきばちは　いくつ　ありますか。〔10てん〕

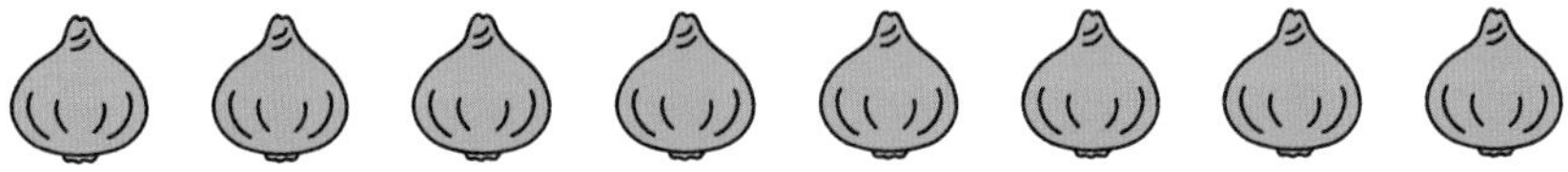

しき

こたえ

5 あかい　いろがみが　10まい　あります。きいろい　いろがみは　あかい　いろがみより　4まい　すくないそうです。きいろい　いろがみは　なんまい　ありますか。〔10てん〕

しき

こたえ

6 えほんが　9さつ　あります。ずかんは　えほんより　3さつ　すくないそうです。ずかんは　なんさつ　ありますか。〔10てん〕

しき

こたえ

7 かきを　とりました。たつやさんは　13こ　とりました。さなさんは　たつやさんより　3こ　すくなかったそうです。さなさんは　かきを　なんこ　とりましたか。〔10てん〕

しき

こたえ

8 いろがみが　18まい　あります。がようしは　いろがみより　2まい　すくないそうです。がようしは　なんまい　ありますか。〔10てん〕

しき

こたえ

9 はるとさんは　どうわの　ほんを　9さつ　よみました。あかりさんは　はるとさんより　4さつ　すくないそうです。あかりさんは　なんさつ　よみましたか。〔10てん〕

しき

こたえ

10 きのう　にわとりが　たまごを　6こ　うみました。きょう　うんだ　たまごの　かずは　きのうより　1こ　すくないそうです。きょう　うんだ　たまごの　かずは　なんこですか。〔10てん〕

しき

こたえ

まちがえた　もんだいは，もう　いちど　やりなおして　みよう。

とくてん　てん

21 ひきざん ⑩

月　日　なまえ

はじめ　じ　ふん

おわり　じ　ふん

むずかしさ ★★

1 いすが　5つ　あります。3にんの　こどもが　1つの　いすに　ひとりずつ　すわると，いすは　いくつ　あまりますか。〔10てん〕

こたえ　2つ

2 りんごが　6こ　あります。4にんに　1こずつ　くばると，りんごは　なんこ　のこりますか。〔10てん〕

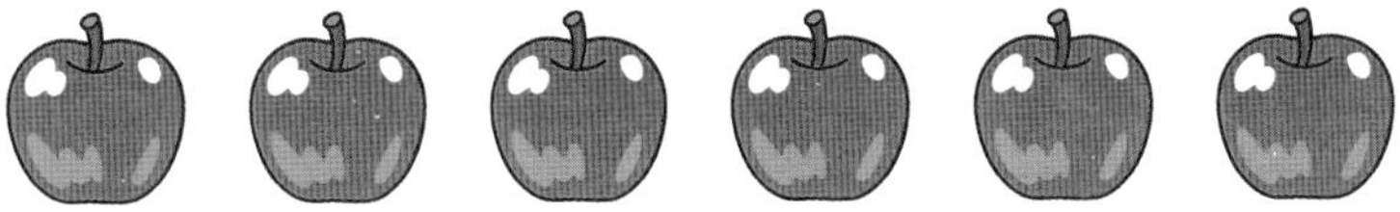

こたえ

3 いろがみが　6まい　あります。3にんに　1まいずつ　くばると，いろがみは　なんまい　あまりますか。〔10てん〕

しき　6－3＝3

こたえ

4 おかしが　5こ　あります。7にんに　1こずつ　くばるには，おかしは　なんこ　たりないですか。〔10てん〕

しき

こたえ

5 りんごが　10こ，おさらが　5まい　あります。おさら　1まいに　りんごを　1こずつ　のせるには，おさらは　なんまい　たりないですか。〔10てん〕

しき

こたえ

6 おおきな　にもつが　8こ　あります。6だいの　じどうしゃに　1こずつ　のせて　はこぶと，にもつは　なんこ　のこりますか。

〔10てん〕

しき

こたえ

7 ひとりがけの　いすが　6つ　あります。こどもは　8にん　います。ぜんぶの　こどもが　すわるには，いすは　いくつ　たりないですか。

〔10てん〕

しき

こたえ

8 あめを　1こずつ　5にんに　くばります。あめは　16こ　あります。あめは　なんこ　のこりますか。

〔10てん〕

しき

こたえ

9 ふうせんが　7つ　あります。9にんに　1つずつ　くばるには，ふうせんは　いくつ　たりないですか。

〔10てん〕

しき

こたえ

10 こどもが　7にん　います。ぎゅうにゅうを　ひとりに　1ぽんずつ　くばろうと　おもいますが，ぎゅうにゅうは　5ほんしか　ありません。ぎゅうにゅうは　あと　なんぼん　あれば　よいですか。

〔10てん〕

しき

こたえ

まちがえた　もんだいは，もう　いちど　やりなおして　みよう。

とくてん　　てん

ひきざん ⑪

がつ 月　にち 日　なまえ

はじめ　じ　ふん
おわり　じ　ふん

むずかしさ ★★

1 りんごが　5こ　ありました。きょう　2こ　たべました。りんごは　なんこ　のこって　いますか。〔10てん〕

しき

こたえ

2 たけひごが　8ほん　あります。3ぼん　つかいました。たけひごは　なんぼん　のこって　いますか。〔10てん〕

しき

こたえ

3 はがきが　10まい　あります。4まい　つかいました。つかって　いない　はがきは　なんまいですか。〔10てん〕

しき

こたえ

4 あかい　はなが　7ほん，しろい　はなが　3ぼん　あります。あかい　はなは　しろい　はなより　なんぼん　おおいですか。〔10てん〕

しき

こたえ

5 しおりさんは　いろがみを　9まい　つかいました。かいとさんの　つかった　いろがみの　かずは，しおりさんより　3まい　すくない　そうです。かいとさんは　なんまい　つかいましたか。〔10てん〕

しき

こたえ

6 としょかんに　こどもが　8にん　います。ふたり　かえりました。としょかんに　いる　こどもは　なんにんですか。〔10てん〕

しき

こたえ

7 しまうまが　7とう，ぞうが　4とう　います。どちらが　なんとう　すくないですか。〔10てん〕

しき

こたえ

8 なわとびを　して　います。みさきさんは　8かい，ひろしさんは　10かい　とびました。とんだ　かいすうは，どちらが　なんかい　おおいですか。〔10てん〕

しき

こたえ

9 なわとびを　して　います。みさきさんは　8かい，ひろしさんは　10かい　とびました。とんだ　かいすうの　ちがいは　なんかいですか。〔10てん〕

しき

こたえ

10 ものがたりの　ほんが　15さつ，ずかんが　4さつ　あります。さっすうの　ちがいは　なんさつですか。〔10てん〕

しき

こたえ

もんだいを　よく　よんで　しきと　こたえを　かこう。

とくてん　　てん

23 たしざんと ひきざん ①

はじめ じ ふん
おわり じ ふん

むずかしさ ★★

月 日 なまえ

1 こうさくようしが　8まい　あります。2まい　つかいました。のこりは　なんまいですか。〔10てん〕

しき

こたえ

2 こうさくようしが　8まい　あります。おかあさんから　2まい　もらいました。こうさくようしは　ぜんぶで　なんまいに　なりましたか。〔10てん〕

しき

こたえ

3 はるおさんは　6さいです。おにいさんは　はるおさんより　3さい　としうえです。おにいさんは　なんさいですか。〔10てん〕

しき

こたえ

4 はるおさんは　6さいです。おとうとは　はるおさんより　3さい　とししたです。おとうとは　なんさいですか。〔10てん〕

しき

こたえ

5 めだかが　おおきい　すいそうに　5ひき，ちいさい　すいそうに　4ひき　います。めだかは　あわせて　なんびきですか。〔10てん〕

しき

こたえ

6 すいかが　6こ，ももが　8こ　あります。ちがいは　なんこですか。 〔10てん〕

しき

こたえ

7 ひかりさんは　かいがらを　6まい　ひろいました。だいちさんは　ひかりさんより　4まい　おおく　ひろいました。だいちさんは　かいがらを　なんまい　ひろいましたか。 〔10てん〕

しき

こたえ

8 どうぶつえんに　さるが　9ひき，ひつじが　7ひき　います。さるは，ひつじより　なんびき　おおいですか。 〔10てん〕

しき

こたえ

9 がようしが　14まい　あります。そのうち　3まいは　つかって　あります。つかって　いない　がようしは　なんまいですか。

〔10てん〕

しき

こたえ

10 つとむさんは　いけの　まわりを　9かい　はしりました。あやのさんは　6かい　はしりました。いけの　まわりを　はしった　かいすうは，どちらが　なんかい　おおいですか。 〔10てん〕

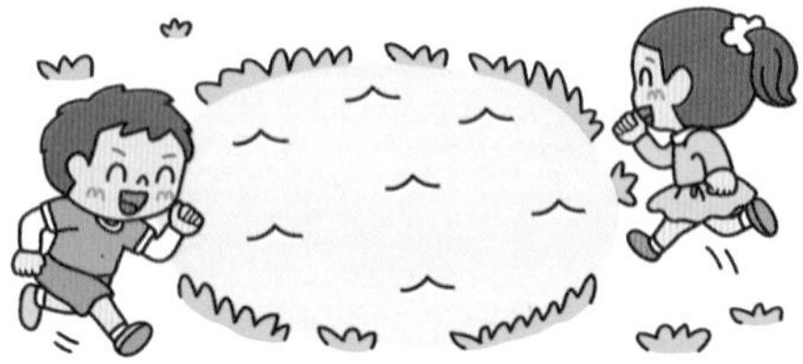

しき

こたえ

もんだいを　よく　よんで　しきを　かこう。

とくてん　　てん

24 たしざんと ひきざん ②

月　日　なまえ

じ　ふん
≫おわり
じ　ふん

むずかしさ ★★★

1 たまごが 7こ ありました。きょう 5こ たべました。たまごは なんこ のこって いますか。〔10てん〕

しき

こたえ

2 たまごが 7こ ありました。きょう にわとりが 5こ うみました。たまごは ぜんぶで なんこに なりましたか。〔10てん〕

しき

こたえ

3 りんごが はこの なかに 9こ，ざるの なかに 7こ あります。りんごは ぜんぶで なんこ ありますか。〔10てん〕

しき

こたえ

4 りんごが はこの なかに 9こ，ざるの なかに 7こ あります。はこと ざるに はいって いる りんごの かずの ちがいは なんこですか。〔10てん〕

しき

こたえ

5 えほんと ずかんが あわせて 16さつ あります。そのうち，えほんは 9さつです。ずかんは なんさつ ありますか。〔10てん〕

しき

こたえ

6 ななみさんは　えんぴつを　9ほん　もって　います。おかあさんから　4ほん　もらいました。えんぴつは　ぜんぶで　なんぼんになりましたか。〔10てん〕

しき

こたえ

7 ゆうきさんは　えんぴつを　9ほん　もって　います。すみれさんは，ゆうきさんより　4ほん　おおく　もって　いるそうです。すみれさんは　えんぴつを　なんぼん　もって　いますか。〔10てん〕

しき

こたえ

8 めだかが　6ぴき　います。きんぎょは　めだかより　5ひき　おおく　いるそうです。きんぎょは　なんびき　いますか。〔10てん〕

しき

こたえ

9 どうぶつえんで　ひつじを　8ひき，さるを　15ひき　かって　います。どちらが　なんびき　おおいですか。〔10てん〕

しき

こたえ

10 14にんが　けんさを　うけます。9にん　おわりました。けんさを　うける　ひとは　あと　なんにん　のこって　いますか。〔10てん〕

しき

こたえ

かずが　おおきく　なっても，しきの　たてかたは　おなじだよ。

とくてん　てん

25 たしざんと ひきざん ③

じ　ふん
>> おわり
じ　ふん

むずかしさ ★★★

がつ 月　にち 日　なまえ

1 いろがみを　ひとりに　1まいずつ　くばります。1ねんせいが　7にん，2ねんせいが　8にん　います。いろがみは　ぜんぶで　なんまい　いりますか。〔10てん〕

しき

こたえ

2 えんぴつが　8ほん　あります。13にんに　1ぽんずつ　くばるには，なんぼん　たりないですか。〔10てん〕

しき

こたえ

3 じてんしゃが　9だい　とまって　います。じどうしゃは　じてんしゃよりも　6だい　おおく　とまって　いるそうです。じどうしゃは　なんだい　とまって　いますか。〔10てん〕

しき

こたえ

4 じてんしゃが　9だい，じどうしゃが　6だい　とまって　います。どちらが　なんだい　おおいですか。〔10てん〕

しき

こたえ

5 あめが　14こ　あります。ガム（がむ）は　あめより　6こ　すくないそうです。ガム（がむ）は　なんこ　ありますか。〔10てん〕

しき

こたえ

6 さおりさんは　おはじきを　10こ　もって　いました。きょう　おねえさんから　8こ　もらいました。さおりさんの　おはじきは　ぜんぶで　なんこに　なりましたか。〔10てん〕

しき

こたえ

7 きいろい　はなが　15ほん　さいて　います。9ほん　きって　きんじょの　ひとに　あげました。はなは　なんぼん　のこって　いますか。〔10てん〕

しき

こたえ

8 えんぴつが　14ほん　あります。そのうち，けずって　ある　えんぴつは　4ほんです。まだ　けずって　いない　えんぴつは　なんぼん　ありますか。〔10てん〕

しき

こたえ

9 どんぐりを　ひろいに　いきました。そうたさんは　7こ，れいなさんは　8こ　ひろいました。あわせて　なんこ　ひろいましたか。〔10てん〕

しき

こたえ

10 いろがみが　15まい　あります。7まい　つかうと，なんまい　のこりますか。〔10てん〕

しき

こたえ

まちがえた　もんだいは，もう　いちど　やりなおして　みよう。

とくてん　てん

26 たしざんと ひきざん ④

はじめ　じ　ふん
おわり　じ　ふん

むずかしさ ★★

月　日　なまえ

1 バスに　おきゃくさんが　6にん　のって　いました。ていりゅうじょで　4にん　のって　きました。おきゃくさんは　なんにんに　なりましたか。 〔10てん〕

6にん　のって　いた。

こたえ

2 バスに　おきゃくさんが　8にん　のって　いました。えきまえで　5にん　おりました。おきゃくさんは　なんにんに　なりましたか。 〔10てん〕

8にん　のって　いた。

こたえ

3 バスに　おきゃくさんが　6にん　のって　いました。ていりゅうじょで　4にん　のって　きました。つぎの　ていりゅうじょで　また　3にん　のって　きました。おきゃくさんは　なんにんに　なりましたか。 〔20てん〕

6にん　のって　いた。

こたえ

4 バスに　おきゃくさんが　12にん　のって　いました。ていりゅうじょで　4にん　のって　きました。つぎの　ていりゅうじょで　3にん　おりました。おきゃくさんは　なんにんに　なりましたか。

〔20てん〕

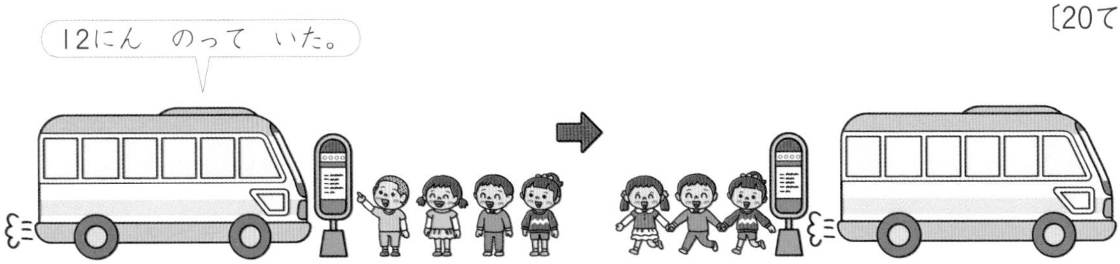

こたえ

5 いちかさんは　えんぴつを　5ほん　もって　いました。きょう　おかあさんから　3ぼん，おねえさんから　2ほん　もらいました。えんぴつは　ぜんぶで　なんぼんに　なりましたか。〔20てん〕

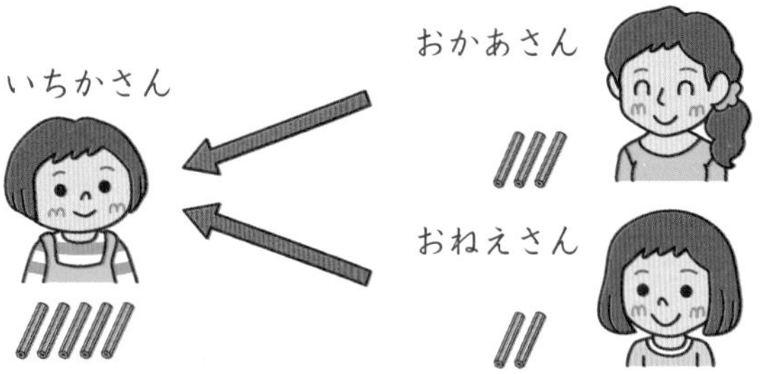

こたえ

6 ゆいさんは　いろがみを　10まい　もって　いました。きょう　おねえさんから　7まい　もらいました。あとで　つるを　おるのに　2まい　つかいました。いろがみは　なんまい　のこって　いますか。

〔20てん〕

こたえ

もんだいを　よく　よんで　こたえよう。

とくてん　　てん

27 たしざんと ひきざん ⑤

月　日　なまえ

» おわり　じ　ふん　じ　ふん

むずかしさ ★★

1 あめが　7こ　あります。おかあさんから　3こ，おねえさんから　2こ　もらいました。あめは　ぜんぶで　なんこに　なりましたか。〔10てん〕

しき　7 ＋ 3 ＋ 2 ＝ 12　　こたえ

2 あめが　7こ　あります。おかあさんから　3こ　もらい，おねえさんに　2こ　あげました。あめは　なんこに　なりましたか。〔10てん〕

しき　7 ＋ 3 − 2 ＝ 8　　こたえ

3 あめが　7こ　ありました。きょう　おねえさんに　3こ　あげました。あとで　おかあさんから　2こ　もらいました。あめは　なんこに　なりましたか。〔10てん〕

しき　7 − 3 ＋ 2 ＝ ☐　　こたえ

4 あめが　7こ　ありました。きょう　おねえさんに　3こ　あげました。あとで　おにいさんにも　2こ　あげました。あめは　なんこに　なりましたか。〔10てん〕

しき　7 − ☐ − ☐ ＝ ☐　　こたえ

5 いろがみが　9まい　ありました。みおさんは　つるを　おるのに　4まい　つかいました。あとで　3まい　いもうとに　あげました。いろがみは　なんまい　のこって　いますか。〔10てん〕

しき　9 − 4 − 3 ＝　　こたえ

6 はがきが　4まい　ありました。きょう　2まい　つかいました。あとで　おかあさんが　はがきを　8まい　かって　きました。はがきは　ぜんぶで　なんまいに　なりましたか。〔10てん〕

しき　4－2＋8＝

こたえ

7 こどもが　5にん　あそんで　いました。そこへ，3にん　やってきました。その　あと，4にん　かえりました。あそんで　いる　こどもは　なんにんに　なりましたか。〔10てん〕

しき　5＋　－　＝

こたえ

8 バスに　おきゃくさんが　4にん　のって　いました。ていりゅうじょで　6にん　のって　きました。つぎの　ていりゅうじょで　3にん　のって　きました。おきゃくさんは　なんにんに　なりましたか。〔10てん〕

しき　4＋

こたえ

9 いけに　めだかが　9ひき　います。はじめに　2ひき　すくいました。あとから　3びき　すくいました。いけの　めだかは　なんびきに　なりましたか。〔10てん〕

しき　9－

こたえ

10 りつさんは　きのう　おかあさんに　あめを　5こ　もらいました。あとで　3こ　たべました。きょう　おじさんから　あめを　8こ　もらいました。りつさんの　あめは　なんこに　なりましたか。

〔10てん〕

しき　5－

こたえ

もんだいを　よく　よんで，じゅんに　しきに　かいて　いこう。

とくてん　　てん

28 たしざんと ひきざん ⑥

はじめ　じ　ふん
おわり　じ　ふん

むずかしさ ★★

月　日　なまえ

1 たけひごが 10ぽん ありました。こうさくで 4ほん つかい，ともだちに 3ぼん あげました。たけひごは なんぼん のこって いますか。〔10てん〕

しき　10－4－3＝

こたえ

2 こうえんで こどもが 8にん あそんで いました。あとから ふたり きて，3にん かえりました。こうえんで あそんで いる こどもは なんにんに なりましたか。〔10てん〕

しき

こたえ

3 なつきさんは おはじきを 4こ もって いました。おねえさんから 6こ もらったので，おとうとに 3こ あげました。なつきさんの おはじきは なんこに なりましたか。〔10てん〕

しき

こたえ

4 あめが 5こ ありました。おとうさんから，2こ あめを もらって，おかあさんからも 2こ あめを もらいました。あめは ぜんぶで なんこに なりましたか。〔10てん〕

しき

こたえ

5 バス(ばす)に 8にんの おきゃくさんが のって います。ていりゅうじょで 4にん おりて，3にん のって きました。おきゃくさんは なんにんに なりましたか。〔10てん〕

しき

こたえ

6 すずめが　やねに　10ぱ　とまって　いました。はじめに　3わ，つぎに　4わ　とんで　いきました。やねの　すずめは　なんわに　なりましたか。〔10てん〕

しき

こたえ

7 さとるさんは　いろがみを　4まい　もって　いました。ともだちに　3まい　もらいましたが，すぐに　5まい　つかって　しまいました。いろがみは　なんまい　のこって　いますか。〔10てん〕

しき

こたえ

8 いけに　あひるが　13わ　いましたが，3わ　でて　いきました。その　あと　5わ　はいって　きました。いけの　あひるは　なんわに　なりましたか。〔10てん〕

しき

こたえ

9 たまいれで　はづきさんは，1かいめに　4こ，2かいめに　3こ，3かいめに　3こ　たまを　いれました。はづきさんは，ぜんぶで　なんこ　たまを　いれましたか。〔10てん〕

しき

こたえ

10 ゆうびんきってが　5まい　ありました。きょう　4まい　つかったので，あとから　7まい　かって　きました。きっては　なんまいに　なりましたか。〔10てん〕

しき

こたえ

もんだいを　よく　よんで　しきを　かこう。

とくてん　　てん

29 たしざんと　ひきざん ⑦

はじめ　じ　ふん
おわり　じ　ふん

むずかしさ ★★★

月　日　なまえ

1　いろがみを　30まい　もって　いました。あたらしく　20まい　かいました。いろがみは　ぜんぶで　なんまいに　なりましたか。

〔10てん〕

しき　30＋20＝50

こたえ

2　いろがみを　40まい　もって　いました。10まい　つかいました。のこりは　なんまいですか。

〔10てん〕

しき　40－10＝30

こたえ

3　えんぴつが　50ぽん　ありました。あたらしく　30ぽん　かいました。えんぴつは　ぜんぶで　なんぼんに　なりましたか。

〔10てん〕

しき

こたえ

4　えんぴつが　100ぽん　ありました。60にんに　1ぽんずつ　くばりました。えんぴつは　なんぼん　のこって　いますか。

〔10てん〕

しき

こたえ

5　りんごが　70こ，みかんが　50こ　あります。どちらが　なんこ　おおいですか。

〔10てん〕

しき

こたえ

6 かほさんは　おはじきを　50こ　もって　います。おかあさんに　おはじきを　7こ　もらうと，ぜんぶで　なんこに　なりますか。

〔10てん〕

しき　50＋7＝

こたえ

7 はがきが　49まい　ありました。きょう，9まい　つかいました。つかって　いない　はがきは　なんまいですか。〔10てん〕

しき　49－9＝

こたえ

8 なしが　38こ　ありました。きょう，6こ　たべました。なしは　なんこ　のこって　いますか。〔10てん〕

しき

こたえ

9 きんぎょが　いけに　23びき，すいそうに　5ひき　います。きんぎょは　あわせて　なんびき　いますか。〔10てん〕

しき

こたえ

10 たかしさんは　7さい，おとうさんは　38さいです。おとうさんは　たかしさんより，なんさい　としうえですか。〔10てん〕

しき

こたえ

もんだいを　よく　よんで　しきを　かこう。

とくてん　　てん

30 ならびかた ①

月　日　なまえ

じ　ふん　≫おわり　じ　ふん

むずかしさ ★★

1 つぎの　もんだいに　こたえましょう。〔1もん　10てん〕

① まえから　6にんを　⬭で　かこみましょう。

② まえから　6ばんめの　ひとを　○で　かこみましょう。

③ あおいさんの　つぎから　かぞえて　3ばんめの　ひとを　○で　かこみましょう。

④ あおいさんの　つぎから　かぞえて　3ばんめの　ひとは　まえから　なんばんめですか。③の　えを　みて　こたえましょう。

こたえ　ばんめ

2 りくさんは　まえから　3ばんめに　います。りくさんの　つぎから　かぞえて　2ばんめの　ひとは，まえから　なんばんめですか。〔10てん〕

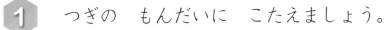

しき　3＋2＝5

こたえ　5ばんめ

3 こうきさんは まえから 5ばんめに います。れんさんは，こうきさんの つぎから かぞえて 3ばんめです。れんさんは まえから なんばんめですか。〔10てん〕

しき

こたえ

4 こどもが よこに 1れつに ならんで います。かえでさんは ひだりから 4ばんめです。ゆづきさんは，かえでさんの つぎから みぎに かぞえて 5ばんめです。ゆづきさんは ひだりから なんばんめですか。〔10てん〕

しき

こたえ

5 ほんたてに ほんが ならんで います。どうわの ほんは みぎから 6さつめです。どうぶつの ほんは どうわの ほんの つぎから ひだりに かぞえて 2さつめです。どうぶつの ほんは みぎから なんさつめですか。〔15てん〕

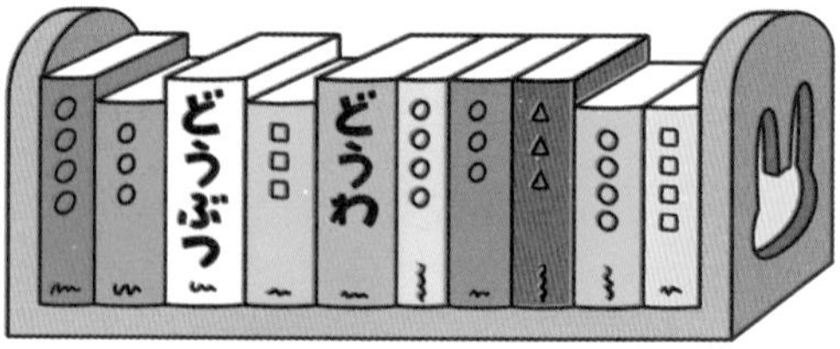

しき

こたえ

6 すばるさんは したから 4だんめに います。かのんさんは，すばるさんの つぎから うえに かぞえて 5だんめに います。かのんさんは したから なんだんめに いますか。〔15てん〕

しき

こたえ

じゅんばんを ただしく かぞえよう。

とくてん てん

31 ならびかた ②

がつ 月　にち 日　なまえ

はじめ　じ　ふん
>> おわり　じ　ふん

むずかしさ ★★

1 こどもが　1れつに　ならんで　います。ももかさんの　まえに　5にん　います。〔1もん　10てん〕

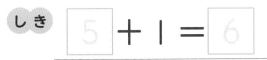

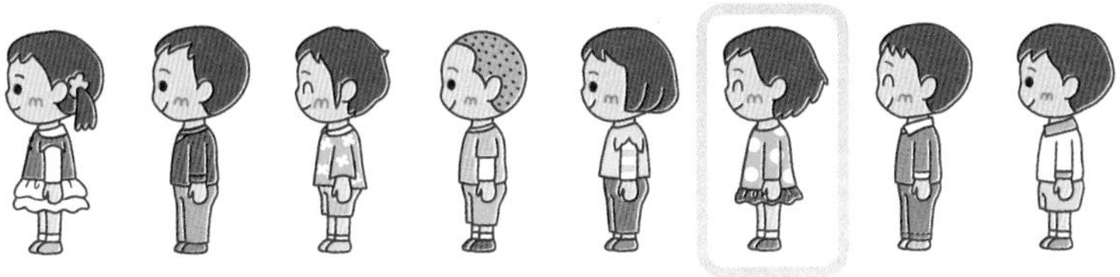

① うえの　えで，ももかさんを　○で　かこみましょう。

② ももかさんは　まえから　なんばんめですか。

しき　5 ＋ 1 ＝ 6　　こたえ　6ばんめ

2 ひとりずつ　じゅんに　はしります。たくみさんの　まえの　5にんが　はしりおわりました。たくみさんは，はじめから　かぞえると　なんばんめに　はしる　ことに　なりますか。〔10てん〕

しき　5 ＋ 1 ＝ 6　　こたえ

3 ていりゅうじょで　バス（ばす）を　まって　います。あきらさんの　まえに　6にん　います。あきらさんは　まえから　なんばんめですか。〔10てん〕

しき　6 ＋ 1 ＝　　こたえ

4 ほんだなに　ほんが　ならんで　います。どうわの　ほんの　ひだりに　ほんが　8さつ　あります。どうわの　ほんは，ひだりから　なんさつめですか。〔10てん〕

しき　　こたえ

5 けんさを　ひとりずつ　うけて　います。7にんが　おわって　つぎに　あらたさんが　うけます。あらたさんは　はじめから　かぞえると　なんばんめに　うける　ことに　なりますか。〔10てん〕

しき

こたえ

6 じどうしゃが　1れつに　なって　はしって　います。たけるさんの　のった　じどうしゃは　まえから　6ばんめを　はしって　います。たけるさんの　のった　じどうしゃの　まえには　なんだい　はしって　いますか。

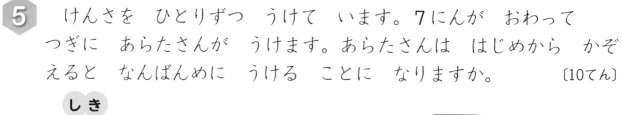

〔10てん〕

しき　6 − 1 ＝ 5

こたえ

7 こどもかいで　やまのぼりに　いきました。1れつに　なって　のぼって　います。はやとさんは　うしろから　7ばんめです。はやとさんの　うしろには　なんにん　いますか。〔10てん〕

しき　7 − 1 ＝ 6

こたえ

8 けいじばんに　えが　はって　あります。ひなたさんの　えは　みぎから　8ばんめです。ひなたさんの　えの　みぎに　なんまい　はって　ありますか。〔10てん〕

しき

こたえ

9 ひとりずつ　うたを　うたいます。さくらさんは　10ばんめに　うたいます。さくらさんより　まえに　なんにんが　うたいますか。

〔10てん〕

しき

こたえ

ずや　えを　かくと，わかりやすいよ。

とくてん　てん

32 ならびかた ③

月　日　なまえ

はじめ　じ　ふん
おわり　じ　ふん

むずかしさ ★★

1 はるかさんは　まえから　4ばんめに　います。はるかさんの　うしろに　5にん　います。みんなで　なんにん　いますか。〔10てん〕

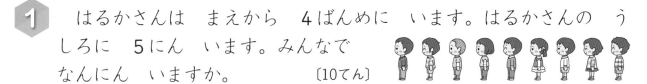

しき　4 + 5 =

こたえ

2 こどもが　よこに　1れつに　ならんで　います。あかりさんは　ひだりから　3ばんめです。あかりさんの　みぎに　5にん　います。こどもは　みんなで　なんにん　いますか。〔10てん〕

しき

こたえ

3 ほんが　つみかさねて　あります。どうわの　ほんは　うえから　3さつめです。どうわの　ほんの　したに　4さつ　あります。ほんは　ぜんぶで　なんさつ　ありますか。〔10てん〕

しき

こたえ

4 こどもが　1れつに　ならんで　けんさを　うけて　います。2ばんめの　ひとまで　おわり，あと　4にんが　うけます。こどもは　みんなで　なんにんですか。〔10てん〕

しき

こたえ

5 1れつに　ならんで　バスを　まって　います。きよみさんの　おとうさんは　まえから　5ばんめで　うしろに　4にん　います。バスを　まって　いる　ひとは　みんなで　なんにんですか。〔10てん〕

しき

こたえ

6　9にんの　こどもが　1れつに　ならんで　います。かおりさんは　まえから　6ばんめです。かおりさんの　うしろには　なんにん　いますか。〔10てん〕

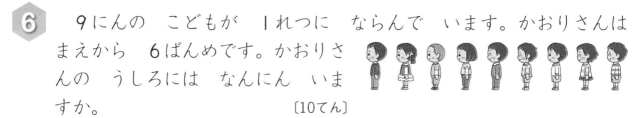

しき　9－6＝

こたえ

7　8にんが　ひとりずつ　じゅんに　はしります。3ばんめの　すすむさんまで　はしりました。はしる　ひとは，あと　なんにん　いますか。〔10てん〕

しき

こたえ

8　ほんが　8さつ　つみかさねて　あります。どうぶつの　ほんは　うえから　4さつめです。どうぶつの　ほんの　したには，ほんは　なんさつ　ありますか。〔10てん〕

しき　8－4＝

こたえ

9　バス（ばす）が　9だい　1れつに　ならんで　います。ちはるさんの　のった　バス（ばす）は　まえから　4だいめです。ちはるさんの　のった　バス（ばす）の　うしろには，バス（ばす）は　なんだい　ありますか。〔10てん〕

しき

こたえ

10　10まいの　えが　1れつに　ならべて　はって　あります。しょうさんの　えは　みぎから　3まいめです。しょうさんの　えの　ひだりには，えが　なんまい　ありますか。〔10てん〕

しき

こたえ

もんだいを　よく　よんで　しきを　かこう。

とくてん　　てん

33 ならびかた ④

がつ 月　にち 日　なまえ

じ　ふん
≫おわり
じ　ふん

むずかしさ ★★

1 5にんが たてに 1れつに ならんで います。けんとさんの うしろには 3にん いるそうです。けんとさんは まえから なんばんめですか。〔10てん〕

こたえ

2 8にんが 1れつに ならんで バス(ばす)を まって います。そうまさんの まえに 6にん います。そうまさんは うしろから なんばんめですか。〔10てん〕

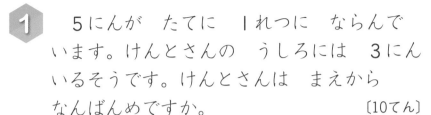

しき 8－6＝

こたえ

3 ほんたてに ほんが 7さつ たてて あります。どうわの ほんの みぎに ほんが 4さつ あります。どうわの ほんは ひだりから なんさつめですか。〔10てん〕

しき

こたえ

4 6にんの ひとが きっぷを かう ために ならんで います。さとしさんの まえに 4にん ならんで います。さとしさんは うしろから なんばんめですか。〔10てん〕

しき

こたえ

5 でんしゃが 6りょうで はしって います。えいたさんの のった しゃりょうの まえに 4りょう あるそうです。えいたさんの のった しゃりょうは，うしろから なんばんめですか。〔10てん〕

しき

こたえ

6 ほんが　8さつ　つみかさねて　あります。どうぶつの　ほんの　したに　3さつ　あります。どうぶつの　ほんは　うえから　なんさつめですか。〔10てん〕

しき

こたえ

7 1ねんせい　9にんが　じゅんばんに　はしります。あゆむさんの　うしろに　3にん　います。あゆむさんは　まえから　なんばんめに　はしりますか。〔10てん〕

しき

こたえ

8 じどうしゃが　9だい　1れつに　ならんで　います。れいなさんの　のった　じどうしゃの　うしろに　4だい　あります。れいなさんの　のった　じどうしゃは，まえから　なんばんめですか。〔10てん〕

しき

こたえ

9 どうぶつえんの　いりぐちに　ひとが　10にん　ならんで　います。りこさんの　まえに　6にん　います。りこさんは　うしろから　なんばんめですか。〔10てん〕

しき

こたえ

10 10まいの　えが　1れつに　ならべて　はって　あります。わたるさんの　えの　みぎに　3まい　はって　あります。わたるさんの　えは，ひだりから　なんばんめですか。〔10てん〕

しき

こたえ

まちがえた　もんだいは，もう　いちど　やりなおして　みよう。

とくてん　　てん

34 ならびかた ⑤

月　日	なまえ

じ　ふん
>> おわり
じ　ふん

むずかしさ ★★

1 こどもが　1れつに　ならんで　います。そうたさんは　まえから　4ばんめです。そうたさんの　つぎから　かぞえて　2ばんめの　ひとは，まえから　なんばんめですか。〔10てん〕

しき

こたえ

2 ひとりずつ　こうていを　はしります。6にんが　はしりおわって，つぎに　しょうまさんが　はしります。しょうまさんは　はじめから　かぞえると，なんばんめに　はしる　ことに　なりますか。〔10てん〕

しき

こたえ

3 1れつに　なって　やまのぼりを　して　います。すすむさんは　まえから　9ばんめです。すすむさんの　まえには　なんにん　いますか。〔10てん〕

しき

こたえ

4 きっぷを　かう　ひとが　ならんで　います。ゆいさんは　まえから　5ばんめで，うしろに　3にん　います。きっぷを　かう　ひとは，みんなで　なんにん　ならんで　いますか。〔10てん〕

しき

こたえ

5 バス(ばす)の　ていりゅうじょに　10にんが　1れつに　ならんで　バス(ばす)を　まって　います。りょうたさんは　うしろから　4ばんめです。りょうたさんの　まえには　なんにん　いますか。〔10てん〕

しき

こたえ

6 ほんたてに　ほんが　8さつ　たてて　あります。ずかんの　みぎに　ほんが　5さつ　あります。ずかんは　ひだりから　なんさつめですか。〔10てん〕

しき

こたえ

7 けいじばんに　えが　はって　あります。こはるさんの　えは　ひだりから　6ばんめです。はるきさんの　えは，こはるさんの　えの　つぎから　みぎに　かぞえて　3ばんめです。はるきさんの　えは，ひだりから　なんばんめですか。〔10てん〕

しき

こたえ

8 かいだんを　のぼって　います。ひろとさんは　したから　4だんめに　います。ゆきこさんは，ひろとさんの　つぎから　うえに　かぞえて　6だんめに　います。ゆきこさんは　したから　なんだんめに　いますか。〔10てん〕

しき

こたえ

9 1ねんせいが　10にん　1れつに　ならびました。さくらさんは　まえから　7ばんめです。さくらさんの　うしろには，なんにん　ならんで　いますか。〔10てん〕

しき

こたえ

10 9にんが　けんさを　うけます。4ばんめの　ひとまで　おわりました。けんさを　うける　ひとは，あと　なんにんですか。〔10てん〕

しき

こたえ

つぎは　しんだんテスト（てすと）だよ。もんだいを　よく　よんで　こたえよう。

とくてん　　てん

35 しんだん　テスト　①

月　日　なまえ

じ　ふん
>> おわり
じ　ふん

1 あかい　おりがみを　4まい，あおい　おりがみを　3まい　もって　います。おりがみは　ぜんぶで　なんまいですか。〔10てん〕

しき

こたえ

2 あめを　9こ　もらいました。そのうち，5こ　たべました。あめは　なんこ　のこって　いますか。〔10てん〕

しき

こたえ

3 えんぴつが　17ほん　ありました。6にんに　1ぽんずつ　くばりました。えんぴつは　なんぼん　のこって　いますか。〔10てん〕

しき

こたえ

4 いぬが　9ひき，ねこが　6ぴき　います。どちらが　なんびき　おおいですか。〔10てん〕

しき

こたえ

5 おはじきが　3こ　ありました。おかあさんから　2こ，おとうさんから　4こ　もらいました。おはじきは　ぜんぶで　なんこに　なりましたか。〔10てん〕

しき

こたえ

6 こどもが　6にん　あそんで　います。そこへ，8にん　きました。こどもは，みんなで　なんにんに　なりましたか。〔10てん〕

しき

こたえ

7 ちゅうしゃじょうに　じどうしゃが　14だい　とまって　います。5だいの　じどうしゃが　でて　いきました。ちゅうしゃじょうに　とまって　いる　のこりの　じどうしゃは　なんだいですか。

〔10てん〕

しき

こたえ

8 かごに　なしと　りんごが　はいって　います。なしは　7こで，りんごは　なしより　4こ　おおいそうです。りんごは　なんこですか。〔10てん〕

しき

こたえ

9 あかい　ペン(ぺん)が　50ぽん，あおい　ペン(ぺん)が　20ぽん　あります。ちがいは　なんぼんですか。〔10てん〕

しき

こたえ

10 こどもが　よこに　1れつに　ならんで　います。ひろしさんは　ひだりから　9ばんめで，ひろしさんの　みぎには　6にん　ならんで　います。こどもは　みんなで　なんにん　ならんで　いますか。

〔10てん〕

しき

こたえ

ここまでの　がくしゅうの　まとめです。しきと　こたえの　みなおしを　しよう。

とくてん　　てん

36 しんだん テスト ②

月 日 なまえ

>> はじめ
じ ふん
>> おわり
じ ふん

1 5わの はとが えさを たべて います。そこへ 4わの はとが とんで きました。はとは ぜんぶで なんわに なりましたか。

〔10てん〕

しき

こたえ

2 りんごが 8こ，みかんが 5こ あります。ちがいは なんこですか。

〔10てん〕

しき

こたえ

3 あかい はなが 9ほん，しろい はなが 6ぽん あります。あかい はなは しろい はなより なんぼん おおいですか。

〔10てん〕

しき

こたえ

4 えんぴつが 12ほん ありました。あたらしく 7ほん かいました。えんぴつは ぜんぶで なんぼんに なりましたか。

〔10てん〕

しき

こたえ

5 バス(ばす)に おきゃくさんが 5にん のって いました。つぎの ていりゅうじょで ふたり おり，その つぎの ていりゅうじょで 4にん のりました。おきゃくさんは なんにんに なりましたか。

〔10てん〕

しき

こたえ

6 はがきが　27まい　あります。7まい　つかうと，のこりは　なんまいに　なりますか。 〔10てん〕

しき

こたえ

7 いちごが　40こ　あります。30にんに　1こずつ　あげると，いちごは　なんこ　のこりますか。 〔10てん〕

しき

こたえ

8 どうぶつえんに　ぞうが　8とう，しまうまが　11とう　います。どちらが　なんとう　すくないですか。 〔10てん〕

しき

こたえ

9 こどもが　16にん　ならんで　います。あきおさんは　まえから5ばんめです。あきおさんの　うしろには　なんにん　いますか。 〔10てん〕

しき

こたえ

10 かいだんを　のぼって　いきます。ゆきさんは　したから　3だんめに　います。しんごさんは，ゆきさんの　つぎから　うえに　かぞえて　6だんめに　います。しんごさんは　したから　なんだんめにいますか。 〔10てん〕

しき

こたえ

ここまでの　がくしゅうの　まとめです。しきと　こたえの　みなおしを　しよう。

とくてん　　てん

こたえ　1年生　文しょうだい

1　たしざん ①　1・2ページ

1　6こ
2　5こ
3　5わ
4　6ぴき
5　7こ
6　7こ
7　6だい
8　9わ
9　9わ
10　6つ

ときかた

1　おはじきは，4こと　2こで　みんなで　6こ　あります。
4　かたつむりは，2ひきと　4ひきで　あわせると　6ぴきに　なります。
6　はこは　3こ　あって　4こ　ふえるので，ぜんぶで　7こに　なります。
8　「4わ　くると」は　「4わ　ふえると」と　おなじ　いみです。

2　たしざん ②　3・4ページ

1　3＋2＝5
2　①5＋3＝8
②2＋5＝7
③4＋2＝6
④3＋4＝7
3　①4＋3＝7
②3＋5＝8
③2＋4＝6
④4＋5＝9
⑤6＋4＝10

ポイント

3＋2のような　けいさんを　たしざん　と　いいます。
「あわせて　いくつ」を　もとめる　ときは　たしざんを　つかいます。

ときかた

1　はじめは　しきを　なぞって　かいて　みましょう。しきが　かけたら，こえに　だして　よんで　みましょう。
2　たしざんの　おはなしの　ばめんです。すうじは　ていねいに　かきましょう。
3　ものや　ひとの　かずが　それぞれ　いくつ　あるかを　かぞえて，しきを　かきます。

3　たしざん ③　5・6ページ

1　①2＋3＝5　こたえ　5わ
②3＋4＝7　こたえ　7こ

③5＋3＝8　こたえ　8ひき

④5＋4＝9　こたえ　9こ

2　①5＋4＝9　こたえ　9まい

②4＋2＝6　こたえ　6さつ

③6＋3＝9　こたえ　9ほん

④3＋2＝5　こたえ　5こ

⑤5＋3＝8　こたえ　8とう

⑥5＋2＝7　こたえ　7だい

ポイント

「あわせると」「みんなで」「ぜんぶで」は　どれも　たしざんの　ばめんの　ことばです。

ときかた

1　どうぶつや　たべものの　かずが　それぞれ　いくつ　あるかを　かぞえて，しきを　かきます。

はじめは　しきを　なぞって　かきましょう。

2　「＋」は　たしざんの　きごう，「＝」は　こたえを　もとめる　ときの　きごうです。

4　たしざん ④　7・8ページ

1　3＋6＝9　こたえ　9ほん

2　2＋6＝8　こたえ　8こ

3　4＋3＝7　こたえ　7にん

4　6＋2＝8　こたえ　8ほん

5　4＋2＝6　こたえ　6つ

6　4＋5＝9　こたえ　9ひき

7　3＋2＝5　こたえ　5こ

8　5＋4＝9　こたえ　9ほん

9　4＋3＝7　こたえ　7こ

10　6＋2＝8　こたえ　8だい

ポイント

「ぜんぶで」「みんなで」「あわせて」は　どれも　たしざんの　ばめんの　ことばです。たしざんの　しきと　こたえを　かきます。

ときかた

1　はじめは　しきを　なぞって　かきましょう。「ぜんぶで　なんぼん」かを　こたえるので，こたえの　9には「ほん」を　つけて，「9ほん」と　かきます。

3　「ぜんぶで　なんにん」なので，しきは　たしざんです。こたえには　「にん」を　つけます。

5　たしざん ⑤　9・10ページ

1　2＋3＝5

2　4＋2＝6

3　①3＋4＝7

②3＋2＝5

4 ①3＋5＝8
②5＋2＝7
③4＋3＝7
④6＋2＝8
⑤7＋2＝9
⑥4＋5＝9

ポイント
「ふえると　いくつ」の　こたえも　たしざんの　しきで　もとめます。

ときかた

3 「もらうと」や「くると」も　ふえる　ばめんの　ことばです。

4 ふえる　ばめんを　あらわす　ことばは　いろいろ　あります。
① はじめに　あったのは　3ぼんで，ふえるのは　5ほんです。しきは　3＋5に　なります。

6 たしざん ⑥　11・12ページ

1 ①2＋4＝6　こたえ　6こ
②3＋2＝5　こたえ　5ほん
③4＋3＝7　こたえ　7こ
④3＋4＝7　こたえ　7ひき

2 ①4＋3＝7　こたえ　7だい
②5＋2＝7　こたえ　7わ
③6＋2＝8　こたえ　8にん
④7＋2＝9　こたえ　9ほん
⑤3＋2＝5　こたえ　5ひき
⑥4＋5＝9　こたえ　9こ

ポイント
「ふえると　いくつ」の　ばめんです。たしざんの　しきと　こたえを　かきます。

ときかた

1 はじめに　あった　かずに　ふえた　かずを　たします。こたえには「こ」や「ほん」を　つけます。

2 「くると」や「もらうと」など，どれも　ふえる　ばめんの　ことばです。

7 たしざん ⑦　13・14ページ

1 6＋2＝8　こたえ　8にん
2 4＋3＝7　こたえ　7ひき
3 7＋2＝9　こたえ　9まい
4 5＋3＝8　こたえ　8ひき
5 6＋3＝9　こたえ　9さつ
6 4＋3＝7　こたえ　7こ
7 5＋4＝9　こたえ　9こ
8 4＋2＝6　こたえ　6わ
9 10＋8＝18　こたえ　18ほん
10 12＋4＝16　こたえ　16だい

ポイント

もんだいぶんを　よんで，けいさんに　つかう　かずに　○を　つけたり，しきを　きめる　ことばに　せんを　ひいたりして，かんがえます。

とき方

2　④ひき　います。
③びき　いれると，
ぜんぶで　なんびきに　なりますか。

9　はじめに　あったのは　10ぽんで，ふえたのは　8ほんです。こたえは　10より　おおきく　なります。

8　たしざん ⑧　15・16ページ

1　5＋4＝9　こたえ　9ひき
2　4＋6＝10　こたえ　10さつ
3　11＋8＝19　こたえ　19まい
4　6＋2＝8　こたえ　8わ
5　12＋5＝17　こたえ　17こ
6　9＋3＝12　こたえ　12にん
7　7＋3＝10　こたえ　10さつ
8　13＋2＝15　こたえ　15そう
9　8＋4＝12　こたえ　12まい
10　3＋4＝7　こたえ　7ほん

とき方

1　「4ひき　いれた」ので，はじめの　かずより　ふえて　います。

9　たしざん ⑨　17・18ページ

1　6こ
2　7さつ
3　4＋2＝6　こたえ　6ぴき
4　6＋4＝10　こたえ　10ぱ
5　5＋3＝8　こたえ　8にん
6　4＋2＝6　こたえ　6こ
7　7＋3＝10　こたえ　10こ
8　8＋3＝11　こたえ　11まい
9　15＋4＝19　こたえ　19ひき

ポイント

ある　かずより　おおい　かずを　もとめる　もんだいです。ある　かずに　おおい　かずを　たすので，しきは　たしざんに　なります。

とき方

1　みかんの　かずは　なしの　かず（5）より　1　おおい　かずです。

なし　○○○○○
みかん　○○○○○○
↑
1こ　おおい

3　ちょうの　かずは　てんとうむしの　かず（4）に　おおい　かず（2）を　たして　もとめます。

10 たしざん ⑩

19・20ページ

1 5こ

2 5まい

3 3＋4＝7 こたえ 7さつ

4 4＋2＝6 こたえ 6こ

5 3＋5＝8 こたえ 8つ

6 5＋5＝10 こたえ 10まい

7 12＋4＝16 こたえ 16こ

8 4＋4＝8 こたえ 8ほん

9 6＋4＝10 こたえ 10

※「いくつ」の　ときは　「10つ」では　なく，「10」(とお)と　いいます。

ポイント

ものや　ひとの　かずを　ちがう　ものに　おきかえて　かんがえます。ぜんぶの　かずを　もとめるので，しきは　たしざんに　なります。

とき方

2 いろがみを　くばる　にんずうを，いろがみの　かずに　おきかえて　かんがえます。

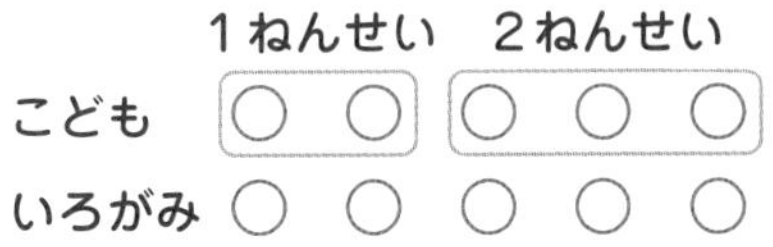

9 いすの　かずは　こどもの　かず（6）に　あまって　いる　かず（4）を　たして　もとめます。

11 たしざん ⑪

21・22ページ

1 6＋2＝8 こたえ 8ひき

2 8＋4＝12 こたえ 12こ

3 7＋4＝11 こたえ 11ぴき

4 3＋7＝10 こたえ 10ぽん

5 14＋4＝18 こたえ 18ほん

6 6＋2＝8 こたえ 8だい

7 8＋2＝10 こたえ 10さつ

8 3＋5＝8 こたえ 8わ

9 8＋4＝12 こたえ 12にん

10 12＋3＝15 こたえ 15こ

ポイント

いろいろな　たしざんの　ばめんの　もんだいです。もんだいぶんを　よく　よんで，なにと　なにを　たせば　よいかを　かんがえます。こたえの　「ひき」や　「こ」を　わすれないように　します。

とき方

1 「ふえると　いくつ」の　たしざんです。はじめに　いた　かず（6）に　きた　かず（2）を　たします。

4 ひとの　かずを，くばる　えんぴつの　かずに　おきかえて　かんがえます。

7 ものがたりの　ほんの　かずは，どうわの　ほんの　かず（8）に　おおい　かず（2）を　たして　もとめます。

12 ひきざん ①

23・24ページ

1 6こ

2 4こ

3 1わ

4 3こ

5 4にん

6 2こ

7 4ひき

8 4ひき

9 3びき

10 2さつ

とききかた

1　おはじきは　8こ　あって，そこから　2こ　とったので，のこりは　6こです。

3　すずめは　5わ　いて，4わ　とんで　いったので，のこりは　1わです。

4　いちごは　はじめに　6こ　ありました。

6　りんごは　8こ，みかんは　6こです。かずの　ちがいは　2こです。

10　ずかんは　5さつ，えほんは　3さつです。ずかんは　えほんより　2さつ　おおいです。

13 ひきざん ②

25・26ページ

1 3－1＝2

2 ①5－2＝3

②6－2＝4

③7－3＝4

④8－2＝6

3 ①6－4＝2

②7－2＝5

③8－3＝5

④7－5＝2

⑤9－4＝5

ポイント

3－1の　ような　けいさんを　ひきざんと　いいます。
「のこりは　いくつ」を　もとめる　ときは　ひきざんを　つかいます。

ときかた

1　はじめに　あった　かず（3）から　とった　かず（1）を　ひくと，のこりの　かずに　なります。しきを　なぞって　かいて　みましょう。

2　ひきざんの　おはなしの　ばめんです。すうじは　ていねいに　かきましょう。

3　はじめに　あった　かずが　いくつなのかを　かぞえて，ひきざんの　しきを　かきます。

14 ひきざん ③

27・28ページ

1
①8－2＝6 **こたえ** 6こ
②6－4＝2 **こたえ** 2まい
③7－3＝4 **こたえ** 4こ
④10－3＝7 **こたえ** 7ひき

2
①6－2＝4 **こたえ** 4わ
②10－3＝7 **こたえ** 7ほん
③8－5＝3 **こたえ** 3びき
④7－4＝3 **こたえ** 3まい
⑤9－3＝6 **こたえ** 6こ
⑥8－6＝2 **こたえ** 2ほん

ポイント

「たべると」「つかうと」「あげると」などの　ことばは，はじめに　あった　かずが　へる　ばめんで　つかいます。

ときかた

1　はじめに　あった　ものの　かずが　いくつ　なのかを　かぞえて　しきを　かきます。

2　「－」は　ひきざんの　きごうです。はじめは　しきを　なぞって　かきましょう。

15 ひきざん ④

29・30ページ

1 8－5＝3 **こたえ** 3こ
2 9－3＝6 **こたえ** 6だい
3 7－4＝3 **こたえ** 3まい
4 8－3＝5 **こたえ** 5にん
5 7－3＝4 **こたえ** 4つ
6 6－2＝4 **こたえ** 4さつ
7 8－5＝3 **こたえ** 3こ
8 7－2＝5 **こたえ** 5こ
9 9－5＝4 **こたえ** 4ほん
10 10－2＝8 **こたえ** 8ひき

ポイント

「のこりは　いくつ」の　ばめんです。ひきざんの　しきと　こたえを　かきます。

ときかた

1　はじめは　しきを　なぞって　かきましょう。「のこりは　なんこ」かを　こたえるので，こたえの　3には　「こ」を　つけて，「3こ」と　かきます。

6　「なんさつ　のこって　いますか。」も　「のこりは　なんさつですか。」も　おなじです。ひきざんの　しきで　こたえを　もとめます。こたえの　「さつ」を　わすれないように　します。

16 ひきざん ⑤

31・32ページ

1 7－3＝4 こたえ 4こ
2 6－2＝4 こたえ 4まい
3 7－3＝4 こたえ 4ほん
4 6－2＝4 こたえ 4さつ
5 9－4＝5 こたえ 5まい
6 6－2＝4 こたえ 4ほん
7 10－6＝4 こたえ 4こ
8 7－3＝4 こたえ 4ほん
9 8－3＝5 こたえ 5つ
10 8－5＝3 こたえ 3びき

ポイント

ひきざんは，おおいほうの　かずから　すくないほうの　かずを　ひきます。

ときかた

3 「かたほうの　かず」を　もとめるときは「のこり」を　もとめるので，ひきざんです。ぜんぶの　かずから，けずった　えんぴつの　かずを　ひきます。

9 ぜんぶの　かずから，あかい　ふうせんの　かずを　ひくと，きいろい　ふうせんの　かずに　なります。

17 ひきざん ⑥

33・34ページ

1 3びき
2 7－5＝2 こたえ 2つ
3 8－6＝2 こたえ 2だい
4 9－5＝4 こたえ 4つ
5 5－4＝1 こたえ 1こ
6 9－7＝2 こたえ 2こ
7 8－3＝5 こたえ 5ひき
8 7－4＝3 こたえ 3ぼん

ポイント

かずの　ちがいは　ひきざんで　もとめます。

ときかた

1 ねこは　6ぴき，ねずみは　3びきです。

5 りんごは　4こ，みかんは　5こです。おおいほうの　みかんの　かずから　りんごの　かずを　ひきます。

6 おはじきは　ひだりに　7こ，みぎに　9こ　あります。こたえには「こ」を　つけます。

18 ひきざん ⑦

35・36ページ

1 3こ
2 2こ
3 6－4＝2 こたえ 2こ
4 6－2＝4 こたえ 4ひき
5 8－5＝3 こたえ 3びき
6 7－4＝3 こたえ 3つ
7 9－6＝3 こたえ 3まい
8 10－4＝6 こたえ 6こ

ポイント

「いくつ　おおい（すくない）」は　かずの　ちがいなので，ひきざんに　なります。おおいほうの　かずから　すくないほうの　かずを　ひきます。

とききかた

1　りんごは　7こ，みかんは　4こです。

6　おさらは　4つ，おかしは　7つです。おおいほうの　おかしの　かずから　おさらの　かずを　ひきます。

19　ひきざん ⑧　37・38ページ

1　8－6＝2　こたえ　2こ

2　7－4＝3　こたえ　3こ

3　8－5＝3

こたえ　りんごの　ほうが　3こ　おおい。

4　10－6＝4

こたえ　あかい　いろがみの　ほうが　4まい　おおい。

5　6－4＝2

こたえ　めだかの　ほうが　2ひき　おおい。

6　5－3＝2

こたえ　あおえんぴつの　ほうが　2ほん　すくない。

7　8－5＝3

こたえ　うえきばちの　ほうが　3つ　すくない。

8　10－7＝3

こたえ　すずめの　ほうが　3わ　おおい。

ポイント

「いくつ　おおい（すくない）」は　ひきざんで　もとめます。こたえかたにも　ちゅういしましょう。

とききかた

3　「どちらが　なんこ　おおいですか。」と　きかれています。こたえは「○○の　ほうが　□こ　おおい。」と　こたえます。

6　「どちらが　なんぼん　すくないですか。」なので，すくないほうの　かずを　こたえます。

20　ひきざん ⑨　39・40ページ

1　8－3＝5　こたえ　5こ

2　6－3＝3　こたえ　3にん

3　10－3＝7　こたえ　7だい

4　8－2＝6　こたえ　6つ

5　10－4＝6　こたえ　6まい

6　9－3＝6　こたえ　6さつ

7　13－3＝10　こたえ　10こ

8 18－2＝16 こたえ 16まい

9 9－4＝5 こたえ 5さつ

10 6－1＝5 こたえ 5こ

ポイント

ある　かずより　すくない　かずを　もとめる　もんだいです。ある　かずから　すくない　かずを　ひくので，しきは　ひきざんに　なります。

とききかた

1　みかんの　かずは　りんごの　かず（8）より　3　すくない　かずです。

りんご ○○○○○○○○
みかん ○○○○○●●●
3こ　すくない

3　いちりんしゃの　かずは　じてんしゃの　かず（10）から　すくない　かず（3）を　ひいて　もとめます。

21 ひきざん ⑩ 41・42ページ

1 2つ

2 2こ

3 6－3＝3 こたえ 3まい

4 7－5＝2 こたえ 2こ

5 10－5＝5 こたえ 5まい

6 8－6＝2 こたえ 2こ

7 8－6＝2 こたえ 2つ

8 16－5＝11 こたえ 11こ

9 9－7＝2 こたえ 2つ

10 7－5＝2 こたえ 2ほん

ポイント

ものや　ひとの　かずを　ちがう　ものに　おきかえて　かんがえます。あまりや　のこりを　もとめるので，しきは　ひきざんに　なります。

とききかた

1　すわる　こどもの　にんずうを，いすの　かずに　おきかえて　かんがえます。

こども ○○○
いす ○○○○○
2つ　あまる

4　たりない　おかしの　かずは，くばる　にんずう（7）から　おかしの　かず（5）を　ひいて　もとめます。

ひと ○○○○○○○
おかし ○○○○○●●
2こ　たりない

22 ひきざん ⑪ 43・44ページ

1 5－2＝3 こたえ 3こ

2 8－3＝5 こたえ 5ほん

3 10－4＝6 こたえ 6まい

4 7－3＝4 こたえ 4ほん

5 9－3＝6 こたえ 6まい

6 8－2＝6 こたえ 6にん

7 7－4＝3

こたえ ぞうの　ほうが　3とう　すくない。

8 10－8＝2

こたえ ひろしさんの　ほうが　2かい　おおい。

9 10－8＝2 こたえ 2かい

10 15－4＝11 こたえ 11さつ

とききかた

1 「のこりは　いくつ」の　ひきざんです。はじめに　あった　かず（5）から　たべた　かず（2）を　ひきます。

7 おおいほうの　かず（7）から　すくないほうの　かず（4）を　ひきます。「○○の　ほうが　□とう　すくない。」と　こたえます。

23 たしざんと ひきざん ①

45・46ページ

1 8－2＝6 こたえ 6まい

2 8＋2＝10 こたえ 10まい

3 6＋3＝9 こたえ 9さい

4 6－3＝3 こたえ 3さい

5 5＋4＝9 こたえ 9ひき

6 8－6＝2 こたえ 2こ

7 6＋4＝10 こたえ 10まい

8 9－7＝2 こたえ 2ひき

9 14－3＝11 こたえ 11まい

10 9－6＝3

こたえ つとむさんの　ほうが　3かい　おおい。

ポイント

もんだいぶんを　よく　よんで，たしざんか　ひきざんかを　かんがえます。

ときかた

1 「のこりは　いくつ」なので，ひきざんです。はじめの　かず（8）から　つかった　かず（2）を　ひきます。

2 「もらうと」なので，たしざんです。はじめの　かず（8）に　もらった　かず（2）を　たします。

24 たしざんと ひきざん ②

47・48ページ

1 7－5＝2 こたえ 2こ

2 7＋5＝12 こたえ 12こ

3 9＋7＝16 こたえ 16こ

4 9－7＝2 こたえ 2こ

5 16－9＝7 こたえ 7さつ

6 9＋4＝13 こたえ 13ぼん

7 9＋4＝13 こたえ 13ぼん

8 6＋5＝11 こたえ 11ぴき

9 15－8＝7

こたえ さるの　ほうが　7ひき　おおい。

10 14－9＝5 こたえ 5にん

25 たしざんと ひきざん ③

49・50ページ

1 7＋8＝15 こたえ 15まい

2 13－8＝5 こたえ 5ほん

3 9＋6＝15 こたえ 15だい

4 9－6＝3

こたえ じてんしゃの　ほうが　3だい　おおい。

5 14－6＝8 こたえ 8こ

6 10＋8＝18 こたえ 18こ

7 15－9＝6 こたえ 6ぽん

8 14－4＝10 こたえ 10ぽん

9 7＋8＝15 こたえ 15こ

10 15－7＝8 こたえ 8まい

26 たしざんと ひきざん ④ 51・52ページ

1 10にん

2 3にん

3 13にん

4 13にん

5 10ぽん

6 15まい

ときかた

3 　はじめに　6にん　いて，つぎに　4にん　きて　10にん，さらに　3にん　ふえて，13にんに　なります。

6 　はじめに　10まい　あって，7まい　もらうと　17まい，そこから　2まい　つかうと，のこりは　15まいです。

27 たしざんと ひきざん ⑤ 53・54ページ

1 7＋3＋2＝12 こたえ 12こ

2 7＋3－2＝8 こたえ 8こ

3 7－3＋2＝6 こたえ 6こ

4 7－3－2＝2 こたえ 2こ

5 9－4－3＝2 こたえ 2まい

6 4－2＋8＝10 こたえ 10まい

7 5＋3－4＝4 こたえ 4にん

8 4＋6＋3＝13 こたえ 13にん

9 9－2－3＝4 こたえ 4ひき

10 5－3＋8＝10 こたえ 10こ

ポイント

3つの　かずの　たしざんや　ひきざんの　もんだいです。しきは，ひだりから　じゅんに　けいさんします。

ときかた

1 　「もらうと」なので，たしざんです。はじめの　かず（7）に　もらった　かず（3，2）を　たします。

5 　「つかうと」や　「あげると」は　どちらも　ひきざんです。

7 　「くる」は　たしざん，「かえる」は　ひきざんです。はじめの　かず（5）に　きた　かず（3）を　たして　8，そこから　かえった　かず（4）を　ひいて，こたえは　4にんです。

28 たしざんと ひきざん ⑥ 55・56ページ

1 10－4－3＝3 こたえ 3ぼん
2 8＋2－3＝7 こたえ 7にん
3 4＋6－3＝7 こたえ 7こ
4 5＋2＋2＝9 こたえ 9こ
5 8－4＋3＝7 こたえ 7にん
6 10－3－4＝3 こたえ 3わ
7 4＋3－5＝2 こたえ 2まい
8 13－3＋5＝15 こたえ 15わ
9 4＋3＋3＝10 こたえ 10こ
10 5－4＋7＝8 こたえ 8まい

29 たしざんと ひきざん ⑦ 57・58ページ

1 30＋20＝50 こたえ 50まい
2 40－10＝30 こたえ 30まい
3 50＋30＝80 こたえ 80ぽん
4 100－60＝40 こたえ 40ぽん
5 70－50＝20
こたえ りんごの ほうが 20こ おおい。
6 50＋7＝57 こたえ 57こ
7 49－9＝40 こたえ 40まい
8 38－6＝32 こたえ 32こ
9 23＋5＝28 こたえ 28ひき
10 38－7＝31 こたえ 31さい

ポイント
おおきい かずの たしざんや ひきざんの もんだいです。

ときかた

1 はじめの かずに かった かずを たすので，しきは 30＋20です。
5 「どちらが なんこ おおい。」は ちがいを もとめるので，ひきざんです。

30 ならびかた ① 59・60ページ

1 ①

②

③

④9ばんめ
2 3＋2＝5 こたえ 5ばんめ
3 5＋3＝8 こたえ 8ばんめ
4 4＋5＝9 こたえ 9ばんめ
5 6＋2＝8 こたえ 8さつめ
6 4＋5＝9 こたえ 9だんめ

ポイント

ならびかたの　もんだいは　「まえ」「うしろ」「ひだり」「みぎ」に　ちゅういして，もんだいぶんを　よみます。ずを　つかって　かんがえても　よいです。

ときかた

1 「まえから　○にん」と　「まえから　○ばんめ」の　ちがいを　かくにんします。

④　あおいさんは　まえから　6ばんめです。その　つぎから　3ばんめの　ひとは　まえから　9ばんめに　なります。

4 かえでさんまでの　にんずう（4）と　かえでさんの　つぎからの　にんずう（5）を　たして，ゆづきさんが　ひだりから　なんばんめかを　もとめます。

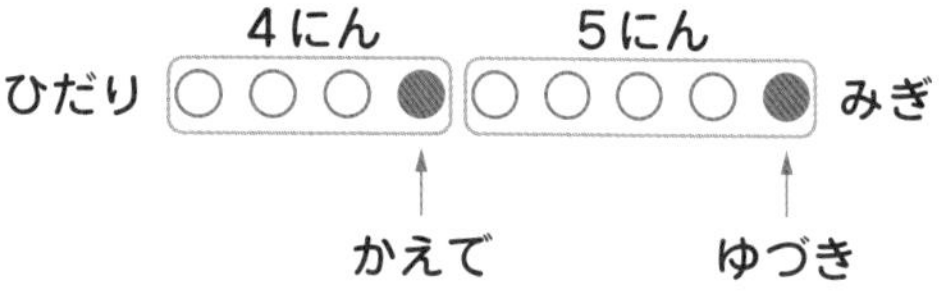

31　ならびかた ②

61・62ページ

1 ①

②5＋1＝6　こたえ　6ばんめ

2 5＋1＝6　こたえ　6ばんめ

3 6＋1＝7　こたえ　7ばんめ

4 8＋1＝9　こたえ　9さつめ

5 7＋1＝8　こたえ　8ばんめ

6 6－1＝5　こたえ　5だい

7 7－1＝6　こたえ　6にん

8 8－1＝7　こたえ　7まい

9 10－1＝9　こたえ　9にん

ときかた

3 あきらさんの　まえの　にんずう（6）に　あきらさんの　1を　たします。

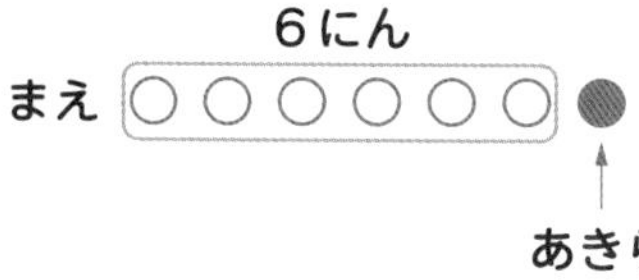

4 どうわの　ほんの　ひだりに　ある　さっすう（8）に　どうわの　ほんの　1を　たします。

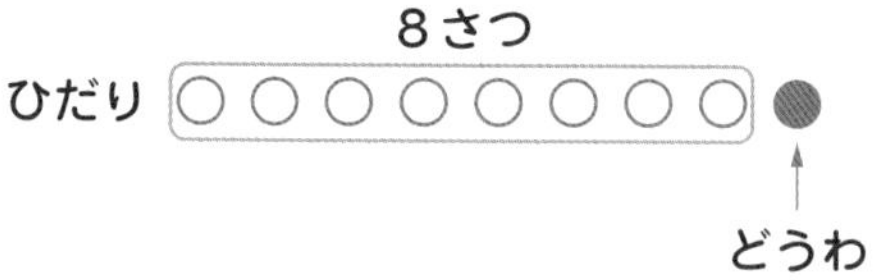

6 たけるさんの　のった　じどうしゃまでが　6だいです。この　6だいから　たけるさんの　のった　じどうしゃの　1を　ひいて，まえの　じどうしゃの　だいすうを　もとめます。

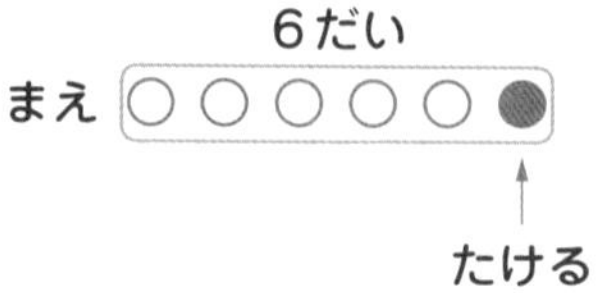

32　ならびかた ③

63・64ページ

1 4＋5＝9　こたえ　9にん

2 3＋5＝8　こたえ　8にん

3 3＋4＝7　こたえ　7さつ

4 2＋4＝6 こたえ 6にん

5 5＋4＝9 こたえ 9にん

6 9－6＝3 こたえ 3にん

7 8－3＝5 こたえ 5にん

8 8－4＝4 こたえ 4さつ

9 9－4＝5 こたえ 5だい

10 10－3＝7 こたえ 7まい

ポイント

もんだいの　ばめんを　ずに　かいて　みて，しきが　たしざんに　なるか　ひきざんに　なるかを　かんがえます。

ときかた

1 　はるかさんまでが　4にんです。この　4にんに，はるかさんの　うしろの　5にんを　たします。

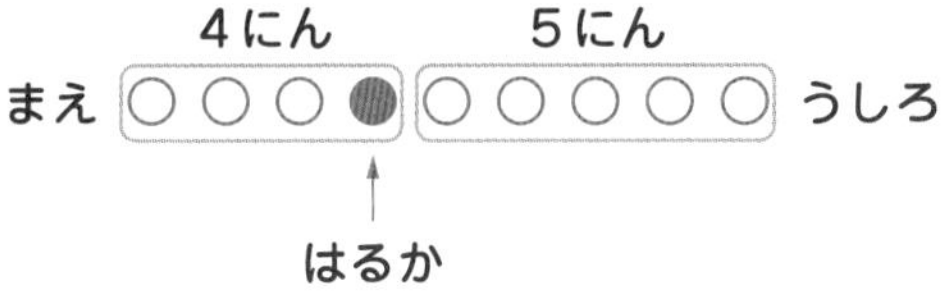

6 　ぜんぶの　にんずうの　9にんから，かおりさんまでの　にんずう（6）を　ひいて　もとめます。

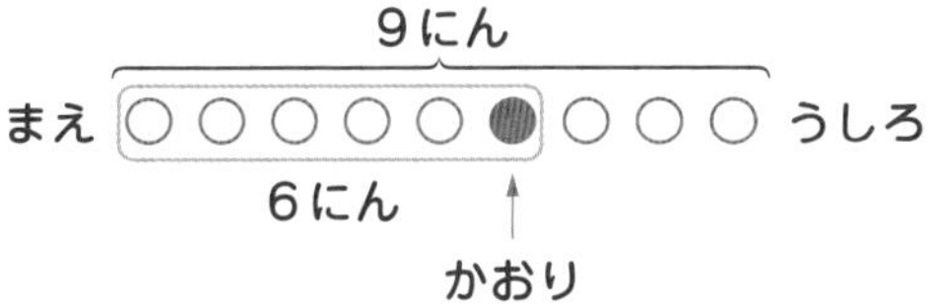

33 ならびかた ④

65・66ページ

1 2ばんめ

2 8－6＝2 こたえ 2ばんめ

3 7－4＝3 こたえ 3さつめ

4 6－4＝2 こたえ 2ばんめ

5 6－4＝2 こたえ 2ばんめ

6 8－3＝5 こたえ 5さつめ

7 9－3＝6 こたえ 6ばんめ

8 9－4＝5 こたえ 5ばんめ

9 10－6＝4 こたえ 4ばんめ

10 10－3＝7 こたえ 7ばんめ

ときかた

2 　ぜんぶの　にんずうの　8にんから，そうまさんの　まえに　いる　6にんを　ひきます。

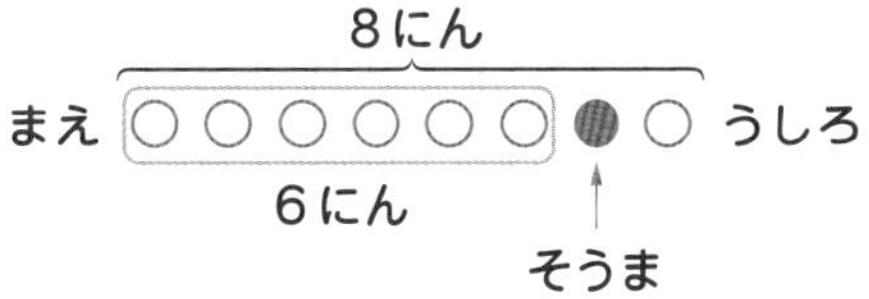

3 　ぜんぶの　さっすうの　7さつから，どうわの　ほんの　みぎに　ある　4さつを　ひきます。

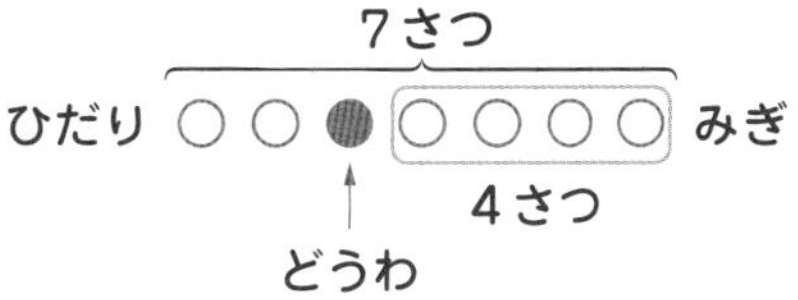

7 　ぜんぶの　にんずうの　9にんから，あゆむさんの　うしろに　いる　3にんを　ひきます。

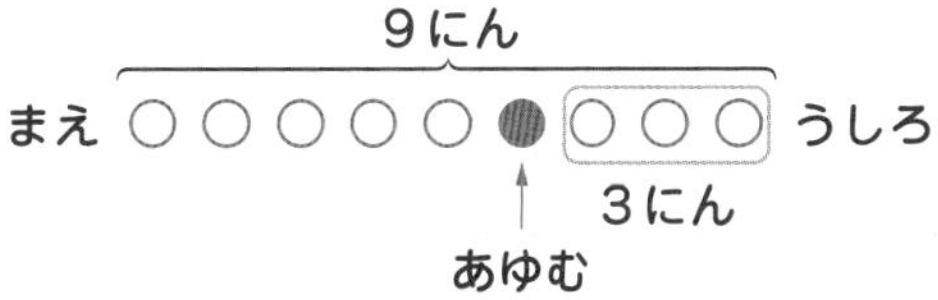

34 ならびかた ⑤ 67・68ページ

1 4＋2＝6 こたえ 6ばんめ
2 6＋1＝7 こたえ 7ばんめ
3 9－1＝8 こたえ 8にん
4 5＋3＝8 こたえ 8にん
5 10－4＝6 こたえ 6にん
6 8－5＝3 こたえ 3さつめ
7 6＋3＝9 こたえ 9ばんめ
8 4＋6＝10 こたえ 10だんめ
9 10－7＝3 こたえ 3にん
10 9－4＝5 こたえ 5にん

ときかた

3　すすむさんまでが　9にんです。この　9にんから　すすむさんの　1をひいて，まえの　にんずうを　もとめます。

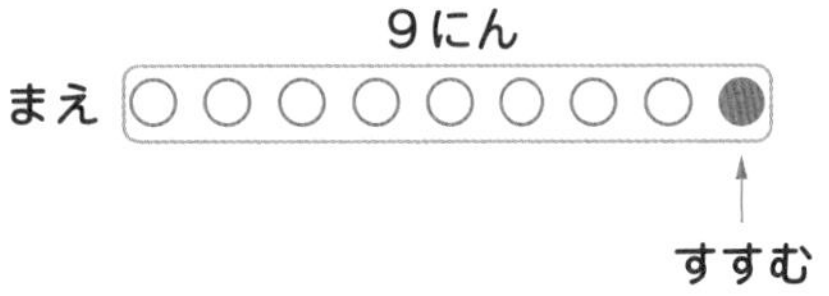

9　ぜんぶの　にんずうの　10にんから，さくらさんまでの　にんずう（7）を　ひいて，さくらさんの　うしろの　にんずうを　もとめます。

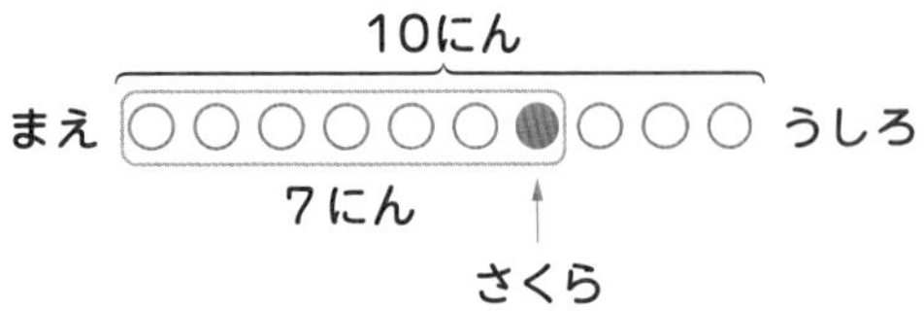

35 しんだん テスト ① 69・70ページ

1 4＋3＝7 こたえ 7まい
2 9－5＝4 こたえ 4こ
3 17－6＝11 こたえ 11ぽん
4 9－6＝3
こたえ いぬの　ほうが　3びき　おおい。
5 3＋2＋4＝9 こたえ 9こ
6 6＋8＝14 こたえ 14にん
7 14－5＝9 こたえ 9だい
8 7＋4＝11 こたえ 11こ
9 50－20＝30 こたえ 30ぽん
10 9＋6＝15 こたえ 15にん

36 しんだん テスト ② 71・72ページ

1 5＋4＝9 こたえ 9わ
2 8－5＝3 こたえ 3こ
3 9－6＝3 こたえ 3ぼん
4 12＋7＝19 こたえ 19ほん
5 5－2＋4＝7 こたえ 7にん
6 27－7＝20 こたえ 20まい
7 40－30＝10 こたえ 10こ
8 11－8＝3
こたえ ぞうの　ほうが　3とう　すくない。
9 16－5＝11 こたえ 11にん
10 3＋6＝9 こたえ 9だんめ